念念不忘的

80道 经典家常菜

郭继东 主编

青岛出版社
QINGDAO PUBLISHING HOUSE

图书在版编目（CIP）数据

念念不忘的80道经典家常菜 / 郭继东主编. -- 青岛:青岛出版社, 2017.1
ISBN 978-7-5552-5117-0

Ⅰ.①念… Ⅱ.①郭… Ⅲ.①家常菜肴－菜谱 Ⅳ.①TS972.127

中国版本图书馆CIP数据核字(2017)第007647号

书　　名	念念不忘的80道经典家常菜
主　　编	郭继东
出版发行	青岛出版社
社　　址	青岛市海尔路182号（266061）
本社网址	http://www.qdpub.com
邮购电话	13335059110　　0532-68068026
图文制作	深圳市金版文化发展股份有限公司
策划编辑	周鸿媛
责任编辑	贺　林
印　　刷	青岛乐喜力科技发展有限公司
出版日期	2017年5月第1版　2017年5月第1次印刷
开　　本	16开（710mm×1010mm）
印　　张	12
字　　数	120千
图　　数	771幅
印　　数	1-8000
书　　号	ISBN 978-7-5552-5117-0
定　　价	35.00元

编校印装质量、盗版监督服务电话：4006532017　0532-68068638
建议陈列类别：美食类　生活类

序言

Preface

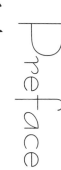

在滴水成冰的寒冬里，最惬意的事，

莫过于捧一碗热食，看一部喜欢的电影。

下班之后，为你驱散疲惫的是一桌热腾腾的晚餐，

是家人洋溢幸福的笑脸。

在这个物质丰富的时代，山珍海味早已入口乏味。

我们开始怀念一些最简单的幸福，那些关于酸甜苦辣咸的味觉记忆。

昏黄灯光下，妈妈炒菜的身影交织在一起，

从锅里散发的香气，萦绕在厨房中，

最后变成了家的气息，令人迷恋，令人珍视。

所以，无论身处何处，家常菜的味道都会带我们回家！

枯柴炉火，双耳铁锅，那是一个时代；

田园几亩，青菜油油，那是一份回忆；

家常美味，简单烹制，那是一种深深的眷恋！

目录

目录

梅菜扣肉
手撕包菜
酸菜鱼
农家小炒肉
酱牛肉
白糖发糕
玉米排骨汤
绿豆糕
糖醋排骨
黄焖鸡

第1章

烹饪有道，
复苏美好味蕾记忆

把握好用量，就是味道的保证

常听人说秘方秘方！对于美食，最重要的就是配方了！只有准确掌握食材和调料的用量，才能烹饪出"多一分则过，少一分则缺"的绝妙美味！

如何一眼看出食材的用量

照着菜谱学做菜的厨房"菜鸟"，常常会对菜谱上标明的用量感到头疼：究竟是多少？总不能每样食材都用秤去称量吧？为了解决厨房里各种需要称量的难题，不妨学习以下估算方法。

凭借经验估算

在烹饪时，我们常常会凭经验估算食材用量，这种方法方便实用，虽然存在误差，但误差的范围不会太大。比如，称量 100 克面粉或大米，装在碗内，看看是多少；称量 50 克或 100 克瘦肉，看看是多大一块……经过多次练习后，你心目中就会有较为准确的数量概念，以后就可以照此估算了。

名称	大概重量	实物比对
米饭	100 克	一个成年男性拳头大小
瘦肉	50 克	一个乒乓球大小
茎叶类蔬菜	250 克（1 把）	约 15 根筷子粗细
盐	4 克	啤酒瓶瓶盖装满
食用油	10 毫升	普通汤匙 2 勺

记住一些常见食材重量

除了凭经验估算食材用量之外，还有一个方法掌握食材用量：记住一些常见食材的重量，以此来推断所需食材量。这个方法更加方便，实用性也很强。

鸡蛋	苹果	面包	香蕉	拳头大小 土豆	中等大小 西红柿	中等大小 黄瓜
55克	250克	70克	125克	150克	200克	250克

了解调料用量，美味才能加分

对于调料的用量，许多人是没有准确概念的，特别是对于一个厨房新手来说。下面，就讲解一下如何轻松又准确地运用量勺将调料的用量具象化，等你成为美食达人，就可以抛开量勺信手拈来啦!

本书中用到部分量勺类型

1大勺
[15毫升 / 15克]

1小勺
[5毫升 / 5克]

1/2小勺
[2.5毫升 / 2.5克]

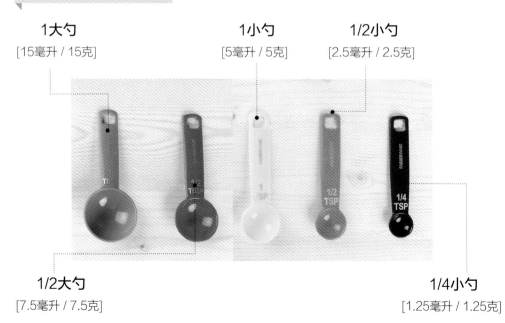

1/2大勺
[7.5毫升 / 7.5克]

1/4小勺
[1.25毫升 / 1.25克]

注：不同调料的密度也不尽相同，重量会有差别。

不得不收藏，菜肴味道的补救妙招

餐厅里面出品的菜肴，吃起来总是咸甜正好，酸辣适中。当自己掌勺时，难免掌握不好分寸，一不小心调料放多了或者放错了，遇到这种情况该怎么办呢？难道将整锅菜全部倒掉，重新再做一份吗？有没有什么可以补救的方法呢？下面给你支几个妙招，让你轻轻松松挽救一锅失败的菜。

一不小心，盐放多了怎么办？

做菜时，如果一不小心放多了盐，可以放入少许糖或者少量味精来调和一下，减淡菜肴中的咸味。炖肉或煲汤时不小心放多了盐，又不宜加水，可以将一个洗净的生土豆或一块水豆腐放入汤内，能使汤的咸味变淡；或者将一把洗净的米用干净的纱布包起来放入汤内，也能达到同样的效果。

辣椒放多了，辣味太重怎么办？

本来想做个微辣菜肴，一不小心做成了"变态辣"，怎么办？最简便的方法就是再多加些原材料，从而缓解过辣的口味。此外，加点白糖也能降低菜肴的辣度。

酱油放多了，菜肴失去色和味怎么办？

酱油放多了，不但会影响菜肴的味道，而且会使颜色都变得"深沉"。此时，可以加少许牛奶来补救，既能减轻酱油的咸味，又能冲淡酱油的颜色。如果这道菜肴里面有菜花、土豆、胡萝卜等配菜，则可以多放一些一起炒，降低酱油对菜色和味道的影响。

米饭烧煳了怎么办？

如果做饭的时候不小心将米饭烧煳了，只需要在烧煳的米饭中插入几根葱段，盖上锅盖，几分钟后，将葱段取出，饭的煳味就消失了。此外，若是在煮米饭的过程中闻到焦煳味，赶紧关火，然后在米饭上放上一块面包皮，再盖上锅盖，几分钟后，面包皮就可以吸收掉焦煳味。

碱放多了，馒头发黄怎么办？

蒸馒头时，如果碱下多了，蒸好的馒头就会发黄，这时可向蒸锅的水里倒入适量醋，再将蒸黄的馒头用慢火蒸10分钟左右，馒头就会变白且酸味消失。

醋下多了，菜肴太酸怎么办？

烹制菜肴时，如果醋放多了，吃起来就会过酸，这时可将松花蛋捣烂后放入锅内，与菜肴一起翻炒，可减轻菜肴的酸味。

我们平常会在超市购买多种酱料和腌渍小菜，既下饭又美味。但是，市售的酱料与小菜中往往添加了大量的防腐剂，吃多了并不健康。其实，我们在家中也可以尝试着做些酱料与小菜，比市售的更天然、更健康！

草莓酱

将洗净的草莓去蒂，切成小块，待用。锅中注入约 80 毫升清水，倒入切好的草莓，放入冰糖，搅拌约 2 分钟至冒出小泡，调小火，继续搅拌约 20 分钟至黏稠状，关火。将草莓酱装入干净的耐高温的玻璃瓶中，倒扣放凉。

番茄酱

将洗净的番茄放入热水锅中，盖上盖儿，闷 2 分钟，取出番茄，剥去外皮，切成几大块，放入搅拌机中将其打碎。将打碎的番茄汁水倒入锅中，加入冰糖，煮开后转小火熬煮至黏稠状态时，再挤入适量柠檬汁，继续熬 3 分钟，关火后将晾凉的番茄酱装入小瓶中即可。

麻婆肉臊酱

锅烧热，加入少许食用油，放入 10 克葱末、10 克蒜末、40 克姜末炒香，再加入 150 克猪绞肉炒香，然后加入 10 克花椒，调入 50 毫升米酒，80 克辣豆瓣酱，20 毫升生抽，10 克白糖，调味。最后加入适量水，煮约 10 分钟，关火后将晾凉的麻婆肉臊酱装入小瓶中即可。

自制酱黄瓜

在洗净的小黄瓜上打上花刀，装入碗中，加入盐抹匀，腌渍一天，洗净，沥干水分。热锅注油烧热，倒入少许姜片、蒜瓣、八角，爆香，再倒入30毫升生抽，加入20克白砂糖、5毫升老抽、10克盐、150克凉开水拌匀。将煮好的酱汁盛出放凉，倒入黄瓜碗内，将黄瓜浸泡其中，封上保鲜膜，腌渍1天即可食用。

泡菜

用热水将整个玻璃罐烫一遍进行消毒，将罐口斜向下放置。将罐中水分控干，另外瓶口向下也可以防止尘土，若是进了尘土，前面的消毒就前功尽弃了。准备一锅清水，加入花椒、八角和盐制成花椒盐水，烧开后晾凉，倒入罐中。注意：用量为罐子容积的2/3为好，这样可以为原料和空气留出空间。最后，将蔬菜仔细洗净，晾干水分后放入罐中，盖好盖子，加水密封好，泡制2~3天即可食用。

醋泡黑豆

将锅置火上，倒入泡发后的黑豆，用中小火翻炒约10分钟，至黑豆涨裂开，晾凉待用。取一个干净的玻璃罐，盛入炒好的黑豆，注入适量的陈醋，没过食材，盖上盖，扣紧，置于阴凉处，浸泡约7天即可食用。

告别厨具污垢，不再为打扫厨房发愁

厨房总是家里最难清洁的地方，是各种油渍污垢的聚集地，各种烹饪用具特别容易滋生细菌，我们必须细心管理。下面介绍的几个清洁厨房的小妙招，可以帮助你把厨房整理得干干净净，让你家的厨房一尘不染！

去除菜刀上残留的腥味

在菜刀表面上抹上一层醋，放置 5 分钟左右，用清水洗净，就能将菜刀上的腥味轻易地清除。此外，还可以在菜刀表面抹上一层柠檬水，清洗后放置太阳下。这样处理，可使菜刀变得有光泽，同时又有去味杀菌的作用。

清洁砧板的方法

砧板上会有很多切食物时留下的刀痕，容易滋生细菌。为了保持砧板卫生，使用过后，一定要用洗洁精清洗。如果发现还未清洗干净，砧板上留有残留物的痕迹时，可在砧板上撒些粗盐擦洗，然后用温水洗净（不要使用开水清洗，因为蛋白质残留在菜板上，遇热会凝固，不易洗净）。砧板清洗干净后放在太阳下晒干，还能防止发霉。

简单清除烤架上的污垢

用烤箱烤完海鲜和肉类后，烤架上会留下污垢和油渍，这时候，可使用铝箔纸擦洗，能很容易将烤架上的污垢擦掉。接着，用海绵布清洗烤架，即可完全去除烤架上的污垢。

轻松去除锅内焦煳

食物烧煳后，锅内会残留污垢，这时千万不能使用钢丝球来刷，否则会磨损锅具。正确的清洗方法：在烧焦的锅中倒入约半碗的白醋，加水煮沸后再煮 3~4 分钟，然后静置 5 分钟。你可以发现，焦掉的部分一整片从锅上轻松脱落，用清水冲一冲，再用海绵布刷洗，就能发现不仅污垢没了，锅也会像新的一样。

如何清理发霉的木制厨具

用木制厨具，特别是木制锅铲，烹饪完后如果不好好清理，便会发霉或者形成难以去除的污垢，所以使用完木制厨具必须马上清理。如果发现木制厨具发霉了，就用相同比例的醋和苏打调匀，浇在发霉处，30 分钟后使用海绵布擦洗，就能去除霉渍。

回锅肉

板栗烧鸡

可乐鸡翅

啤酒鸭

京酱肉丝

红烧狮子头

锅包肉

红烧狮子头

葱爆羊肉

孜然羊排

第2章

离家之后，
魂牵梦绕的肉滋味

东坡肉（红烧肉）

"慢著火，少著水，火候足时它自美。"
提起红烧肉，免不了想到它与苏东坡的难解之缘。
苏东坡喜食红烧肉，还尤其擅长制作红烧肉，
创作出了肥而不腻、酥香味美的"东坡肉"。

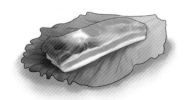

材料
带皮猪五花肉500克，八角5克，桂皮6克，大葱、姜、蒜头各20克

调料
生抽30毫升，老抽3毫升，冰糖5克，盐3克，料酒20毫升，食用油15毫升

做法

1. 姜洗净去皮，切成片；大葱洗净，切成段；蒜头入油锅中炸至呈金黄色，捞出，待用。

2. 五花肉刮毛洗净，切成方块，放入沸水锅中，余去杂质，捞出，沥干水。

3. 锅烧热，倒入适量食用油，放入姜片，爆香。

4. 放入五花肉，慢慢煸炒至五花肉熟透、出油。

5. 锅中放入八角、桂皮，大火迅速煸炒。

6. 淋入生抽、老抽、料酒，加入一碗清水，搅拌均匀。

7. 放入冰糖，拌匀，盖上锅盖，大火烧开后转小火慢炖1小时。

8. 揭开锅盖，调入盐，炒匀，放入大葱段、炸好的蒜头，炒匀，大火收汁后盛出即可。

块儿要大，汤要少，火要小

三层的五花肉切成麻将牌大小的块，加入的
热水要与肉平齐，小火焖炖。这样做出来的
红烧肉才会汁浓肉香。

猛火快炒，不可"恋战"

炒这道菜的时候不可"恋战"，要猛火快炒才能将五花肉的香气炒出来，尖椒也不会被炒到"丢了魂儿"，趁着香味正浓的时候出锅才是王道。

回锅肉

用回锅肉来考验一个人的胃口和定力是非常残忍的，
味蕾总会被这香辣浓郁的味道
"勾引调戏"得一塌糊涂。
这也许就是家常回锅肉的魅力所在。

材料

带皮猪五花肉 500 克，青蒜 100 克，青椒、红椒各 50 克，葱段、姜片、蒜片各 10 克

调料

豆豉 5 克，豆瓣酱 40 克，鸡粉 2 克，白糖 5 克，料酒 5 毫升，食用油 20 毫升

做法

1. 五花肉洗净，放入锅中，注入适量清水，放入姜片、葱段同煮，大火烧开，余去血水。

2. 将煮好的五花肉捞出，晾凉后切成薄片。

3. 青蒜、青椒、红椒均洗净，切成马耳朵段。

4. 锅中注入适量食用油烧热，放入姜片、蒜片爆香。

5. 加入豆豉、豆瓣酱，小火煸炒出红油，放入五花肉片，中火煸炒均匀。

6. 加入切好的青蒜、青椒、红椒。

7. 调入鸡粉、白糖、料酒，翻炒均匀，盛入盘中即可。

梅菜扣肉

生活就是折腾，经不起谁的等。
梅菜扣肉的专属香味，穿越大江南北，隔空飘来。
胃动心动，不如行动，不如大手掌勺、大口食"色"。

材料

带皮猪五花肉（三分肥七分瘦）500 克，梅干菜
200 克，西蓝花 100 克，葱段 20 克，姜片 10 克

调料

南乳、腐乳各 30 克，冰糖 20 克，生抽、老抽 20
毫升，料酒 15 毫升，蚝油 10 克，食用油适量

做法

1. 将洗净的西蓝花切小朵，焯水至熟后捞出。

2. 锅中注水烧热，放入姜片、葱段、五花肉、
   料酒，大火煮沸后转小火煮约 20 分钟，捞出。

3. 将五花肉切两大块，装碗，抹上适量老抽。

4. 热锅倒入适量食用油烧热，下入五花肉炸至
   上色，捞出沥干。将炸好的五花肉切成片。

5. 净锅注油烧热，倒入梅干菜，炒匀，盛出。

6. 热锅注油烧热，下入姜片爆香，放入南乳、
   腐乳，翻炒几下，倒入肉片，翻炒均匀，放
   入适量生抽、蚝油，炒匀。

7. 将肉片铺碗底，锅留汤汁，待用。肉片上铺
   上梅干菜，再移入烧开的蒸锅中，蒸约 1 小时。

8. 原锅汤汁加冰糖煮至化开；将蒸好的梅菜扣
   肉扣入盘中，用西蓝花围边，淋上汤汁即可。

加点腐乳与南乳

这道梅菜扣肉中加了腐乳、南乳和冰糖，
让扣肉颜色酱红油亮，汤汁黏稠鲜美。

京酱肉丝

老北京，旧风味，一道酱肉惹人醉。
一片豆腐皮，些许肉丝配大葱，卷一卷送嘴中，
酱香浓郁，留住似水年华的味觉记忆。

材料

猪里脊肉 350 克，大葱 1 根，豆腐皮 150 克，
蛋清 20 克，姜末、蒜末各 5 克

调料

甜面酱 40 克，盐 2 克，生粉 10 克，生抽 8 毫升，
食用油 30 毫升

做法

1.　洗净的猪里脊肉切成丝。

2.　将猪肉丝装入备好的碗中，加入适量生抽，
　　淋入适量蛋清，加入少许生粉，搅拌均匀，
　　腌渍片刻。

3.　将大葱切成丝；豆腐皮切成大小一致的正方
　　形片。

4.　锅中注入适量食用油烧热，放入姜末、蒜末
　　爆香，倒入适量甜面酱，炒匀。

5.　倒入腌渍好的肉丝，放入少许盐。

6.　炒至肉丝上色，盛出。食用时豆腐皮上放入
　　炒好的肉丝和大葱丝，卷起，装盘即可。

菠萝咕噜肉

它令人禁不住咕噜咕噜地吞咽口水，
它香气四溢，外酥里嫩，酸甜开胃，
即使身处异国他乡，它也能来到你身边。

材料

梅花肉300克，菠萝半个，青椒、红椒各50克，
鸡蛋1个（约60克）

调料

番茄酱40克，白醋30毫升，白糖40克，盐3克，
生粉10克，水淀粉5毫升，食用油适量

做法

1. 将备好的梅花肉切成小块；取菠萝肉，切成
   和肉块相仿的丁。
2. 将备好的青椒、红椒均切成丁。
3. 将梅花肉装入碗中，打入一个鸡蛋，加入盐，
   放入生粉，搅拌均匀，腌渍一会儿。
4. 净锅注入适量食用油，烧至八成热，放入梅
   花肉，炸至表面定形，捞出。
5. 锅中留少许油烧热，倒入番茄酱翻炒均匀。
6. 加入白糖炒匀，倒入青椒块、红椒块，炒匀。
7. 倒入菠萝块，再放入炸好的肉块。
8. 淋入适量白醋，再倒入少许水淀粉，翻炒至
   入味，盛出装盘即可。

大火炸，快速炒

炸的时候，首先要用大火，其次要二次复炸，
最后一步裹汁，在锅里翻炒的时间越短越好。
这样才能要达到外酥里嫩的效果。

传统与新式

现今，有些饭馆改进推出了新款"锅包肉"，
前半部分的做法和传统锅包肉大体相同，只
是在"糖醋汁"的调制方法上略有不同。新
式"糖醋汁"中加入了番茄酱。

锅包肉

原名"锅爆肉"，东北名菜，"生"于光绪年间。
甜酸裹挟着鲜咸脆，
既有北方的粗狂，
又不失南方的"娇羞"，
这似乎就是它能够南北"横行"的原因。

材料

猪里脊肉 400 克，胡萝卜、大葱各 30 克，蛋黄 10 克，姜末 3 克

调料

白糖 10 克，白醋 15 毫升，盐 2 克，料酒 5 毫升，生粉 8 克，食用油适量

做法

1. 将备好的猪里脊肉切成片；胡萝卜切成丝；大葱洗净，切成丝。

2. 将切好的肉片装入碗中，加入适量盐，放入蛋黄，再加入生粉抓匀，腌渍一会儿。

3. 热锅注入适量食用油烧热，倒入肉片，炸至肉片浮起，基本定形，捞出沥干油，待用。

4. 净锅注入少许食用油烧热，倒入姜末爆香，加入适量白糖，淋入少许料酒，煮至沸腾。

5. 倒入炸好的肉片，倒入适量白醋，炒至收汁。

6. 放上大葱丝、胡萝卜丝，翻炒均匀至入味，盛出装盘即可。

红烧狮子头

这是淮扬地区逢年过节必备的一道名菜。

它，鲜咸酥嫩，形态栩栩如生；

它，寓意日子红红火火；

它，也许还能让你一饱口福，一解乡愁。

材料

后上肉500克，马蹄120克，上海青100克，八角、桂皮、香叶、干辣椒各1克，蛋清10克，葱段、姜片各15克

调料

生抽35毫升，老抽5毫升，蚝油20毫升，盐3克，鸡粉2克，冰糖10克，白糖1克，白胡椒粉2克，生粉8克，食用油适量

做法

1. 将洗净的后上肉剁成肉末；洗净的马蹄剁成末；上海青洗净；取部分姜片切成末。

2. 将肉末装碗，加入鸡粉、白胡椒粉、蛋清、盐、白糖、马蹄末、姜末、生粉，搅拌均匀。

3. 取适量肉馅，搓成肉丸，至表面光滑有黏性。

4. 锅注油烧热，放入肉丸，炸至呈金黄色捞出。

5. 另起锅，注水烧热，放入上海青、少许食用油拌匀，煮至食材熟透，捞出，摆入盘中。

6. 炒锅注油烧热，放入姜片、八角、桂皮、香叶、干辣椒、葱段，爆香，注水烧开，放入肉丸。

7. 加鸡粉、白胡椒粉、蚝油、生抽、老抽、冰糖，炖1小时，盛盘，浇上勾薄芡的汤汁即可。

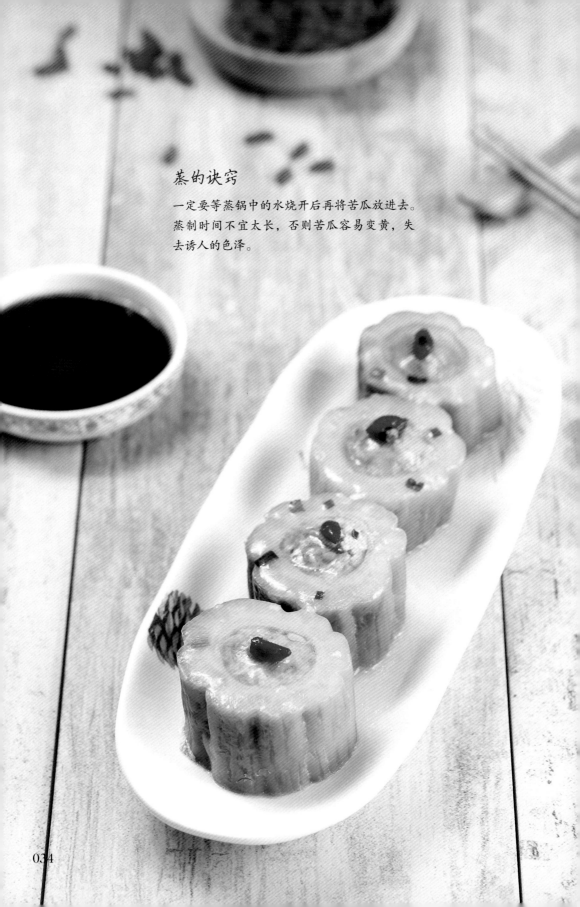

蒸的诀窍

一定要等蒸锅中的水烧开后再将苦瓜放进去。
蒸制时间不宜太长，否则苦瓜容易变黄，失
去诱人的色泽。

苦瓜跟肉

吃得苦中苦，方为人上人。
五味之中，苦是一种很独特的味道。
以苦瓜之苦，来融合猪肉之咸鲜，
出其不意的味道重组，
令人惊喜，令人食指大动！

材料

苦瓜 500 克，五花肉 100 克，蒜末、姜末、葱花各 5 克，高汤 100 毫升

调料

盐 3 克，白胡椒粉 2 克，料酒 5 毫升，水淀粉 10 毫升，食用油 10 毫升

做法

1. 将洗净的苦瓜切成段，掏去瓜瓤，待用。

2. 将五花肉切成肉末，装入碗中，加入适量盐、料酒，再加入少许白胡椒粉，搅拌均匀，腌渍一会儿。

3. 将腌渍好的肉馅填入苦瓜中，再装入盘中，放入烧热上气的蒸锅中，盖上盖，大火蒸熟，取出。

4. 锅中注油烧热，放入姜末、蒜末、葱花爆香，倒入高汤，煮至沸腾，再加入少许盐、料酒。

5. 淋入水淀粉勾芡，将芡汁淋在蒸好的苦瓜上即可。

糖醋排骨

糖醋排骨是糖醋菜肴中的代表佳作，
它披着金黄色的外衣，
散发出沁人心脾的味道，
大众经典，快意人生，
一道足矣。

材料

猪肋排 500 克，八角 3 克，桂皮 5 克，小葱、
姜各 15 克

调料

冰糖 40 克，料酒 15 毫升，盐 3 克，米醋 20 毫升，
生抽 10 毫升，食用油 20 毫升

做法

1. 猪肋排洗净，剁成段；小葱洗净；姜去皮，
   切成片。
2. 锅中注入适量清水，放入姜片、小葱、八角、
   桂皮，大火煮开，倒入剁好的排骨段，淋入
   料酒拌匀，汆去血水，捞出，沥干水。
3. 锅洗净，烧热，倒入食用油，放入姜片爆香，
   放入冰糖，小火慢炒，炒至冰糖化开。
4. 加入少许清水，拌匀后炒至呈焦黄色并有烟
   冒出，倒入排骨段，翻炒均匀，炖 30 分钟。
5. 待锅中余下少许汤汁时放入盐、生抽、米醋
   调味，翻炒至汤汁黏稠后盛出即可。

好菜一定要选好料

做这道菜，请一定选用猪小排，并以带脆骨
的小排为最佳。此部位肉质软嫩，最适合用
来做糖醋排骨。

牛腩不汆水也好吃

提前将牛腩用冷水泡上，将血水泡出，这样
就可以省掉汆水的步骤。此外，这样做还能
保留牛肉中的水分和鲜味。

萝卜炖牛腩

萝卜和牛腩简直是最佳搭档，
萝卜顺气，牛肉滋补，
萝卜浸透了牛腩的滋味，牛腩软烂清香。
天气渐冷，给你爱的人补一补吧！

材料

牛腩 300 克，白萝卜 500 克，姜片 5 克，陈皮、八角、桂皮各 1 克，香菜叶 3 克

调料

生抽 6 毫升，盐 2 克，鸡粉 2 克，白糖 3 克，料酒 8 毫升，蚝油 6 克，白胡椒粉 2 克，食用油 30 毫升

做法

1. 将牛腩切成 3 厘米左右见方的块；白萝卜洗净去皮，切成和牛腩块相仿的丁。

2. 锅中倒入适量清水烧热，放入牛腩块余水至变色，捞出。

3. 净锅注油烧热，放入姜片爆香，再加入八角、桂皮、陈皮、爆出香味。

4. 倒入蚝油，倒入余好水的肉块，翻炒均匀。

5. 淋入适量清水，煮至沸腾，加入适量鸡粉。

6. 放入白糖、盐、淋入生抽。

7. 加入白胡椒粉、料酒，炖煮约 1 小时，倒入白萝卜丁，煮至沸。

8. 用小火再炖约半个小时，待煮好后，盛出装盘，放上香菜叶即可。

土豆烧牛肉

寒冬腊月，塞北江南，大雪纷飞。
此时，胃空空如也，
开始想念熟悉的味道。
土豆恋牛肉，细火慢烧，
浅尝一口，身心都是暖暖的。

材料

土豆 350 克，牛肉 300 克，干辣椒 5 克，姜片 8
克，八角、桂皮、陈皮各 2 克

调料

盐 3 克，生抽 10 毫升，鸡粉 2 克，老抽 3 毫升，
豆瓣酱 5 克，食用油 30 毫升

做法

1. 将洗净的牛肉切成 3 厘米左右见方的块；将
    土豆洗净去皮，再切成和牛肉块相仿的丁。

2. 锅中倒入适量清水烧热，放入牛肉块氽水至
    变色，捞出。

3. 净锅注油烧热，放入姜片、八角、桂皮、陈
    皮爆香。

4. 倒入干辣椒、豆瓣酱，翻炒均匀，加入适量
    清水煮至沸。

5. 倒入氽过水的牛肉丁，继续煮至沸腾，改小
    火焖煮约 1 小时。

6. 倒入土豆丁，翻炒至均匀上色，续焖约半小
    时，加入盐、鸡粉、生抽、老抽，拌炒至入味，
    收汁，盛出装碗即可。

孜然羊排

孜然羊排是一道比较讲究的菜，
上好的羊肋排，香味浓烈的孜然，
鲜红的干辣椒相互作用，
在高温的烘烤下，噼里啪啦，
香气逼人，让人垂涎三尺。

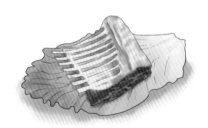

材料

羔羊排500克，白洋葱100克，红椒20克，蛋黄20克，香菜粒15克，生姜20克

调料

花椒粉2克，鸡粉5克，辣椒碎3克，孜然粒5克，生抽6毫升，盐2克，生粉5克，食用油适量

做法

1. 羔羊排切成段；白洋葱分成两部分，一部分切成丝，一部分切成粒；生姜分成两部分，一部分切成片，一部分切成粒；红椒切成粒。

2. 羊排用生抽、蛋黄、生粉、鸡粉、姜片、洋葱丝腌渍入味，将姜片、洋葱丝挑出。

3. 锅烧热，倒入食用油烧热，放入羊排，炸至呈金黄色后捞出。

4. 另起锅，放入使用油烧热，放入姜粒、洋葱粒、香菜粒、红椒粒，炒匀。

5. 放入辣椒碎、孜然粒、花椒粉翻炒均匀，放入羊排，调入盐快速翻炒均匀，盛入盘中即可。

葱爆羊肉

羊肉吸收了大葱的辛辣，
去除了自身的腥味，
大火热烈，香气浓郁，
伴随着滋滋声，香味腾空而起，
制作行云流水，味道更是超赞。

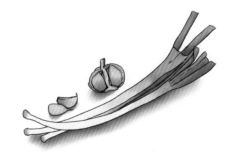

材料

羊里脊 200 克，大葱 100 克，蛋清 30 克，蒜末 3 克

调料

料酒 10 毫升，生抽 15 毫升，白糖 10 克，盐 2 克，胡椒粉 3 克，生粉 5 克，食用油 40 毫升

做法

1. 羊里脊顶刀切片；大葱切成丝。

2. 将羊里脊装入碗中，放入盐抓匀，加生粉抓匀，加入蛋清抓匀，最后放入生油，反复抓匀，腌渍片刻。

3. 锅中注油烧热，放入腌渍好的羊肉，滑油后捞出。

4. 锅底留油烧热，下大葱、蒜末爆香，放入羊里脊炒匀，再加料酒、生抽、白糖和胡椒粉翻炒均匀，盛出即可。

黄焖鸡

"此鸡匠心独运，是上品之上，当为一绝"。
金黄的色泽，香浓的味道，
让味蕾躁动起来，
再配上一碗大米饭，人间至味金不换。

材料

鸡半只（约600克），干香菇8克，水发笋干100克，干辣椒5克，蒜头、姜各15克

调料

豆瓣酱30克，料酒15毫升，生抽15毫升，蚝油10克，白糖1克，白胡椒粉2克，鸡粉3克，食用油40毫升

做法

1. 将鸡洗净，切成块；水发笋干洗净，切成小段；干香菇用温水泡发后，去蒂，清洗干净；蒜头切小块；姜去皮切段。

2. 将剁好的鸡肉装入碗中，加入鸡粉、生抽，抓拌均匀，腌制20分钟左右，使其入味。

3. 炒锅中注入食用油烧热，放入姜片、蒜头、干辣椒爆出香味，再放入豆瓣酱炒香。

4. 放入鸡肉、水发香菇、笋干，翻炒均匀。

5. 注入适量清水，大火烧开，中火焖15分钟。

6. 加入料酒、鸡粉、蚝油、白糖，搅拌均匀。

7. 最后淋入生抽，加入白胡椒粉拌匀，盛出，装入盘中即可。

板栗烧鸡

源于潮汕的饮食风俗，流行于当下各个地区。
板栗烧鸡的做法千变万化，道道都能激发你的食欲。
在寒风骤起的时候，
最为贴心的佳肴也许只是这样一道臻味。

材料

鸡半只，去皮板栗 70 克，生姜、蒜头各 5 克，
草果、桂皮、八角、香叶各 2 克

调料

盐 2 克，生抽 8 毫升，鸡粉 2 克，料酒 7 毫升，
蚝油 4 克，白胡椒粉 2 克，食用油 40 毫升

做法

1. 将处理好的鸡斩成小块；生姜切片；蒜头切
   小块。

2. 将剁好的鸡肉装入碗中，加入鸡粉、生抽、
   料酒，抓拌均匀，腌制 20 分钟左右，使其
   入味。

3. 热锅注油烧热，倒入生姜、蒜爆香，放入草果、
   桂皮、八角、香叶，炒香。

4. 倒入鸡块，翻炒均匀，加入板栗炒匀。

5. 注入适量清水，拌匀，加入盐、白胡椒粉，
   倒入蚝油、生抽炒匀，中火煮 30 分至入味，
   将炒好的菜肴盛入盘中即可。

煎一下板栗很关键

烧板栗之前，如果能先把板栗入油锅煎一下，再按平常的步骤来烧就更好了。这样处理过后的栗子特别香，而且容易烧透、入味，板栗也不会轻易碎散。

可乐鸡翅

小时候，常常能吃到妈妈做的可乐鸡翅，
虽是简单的烹制，甜而不腻的味道却陪伴了我的成长。
记忆一直在发酵，温暖持续到现在。

材料
鸡中翅 400 克，葱、姜各 10 克，八角 5 克，可乐 1 罐

调料
生抽 8 毫升，鸡粉 2 克，盐 2 克，料酒 5 毫升，食用油 40 毫升

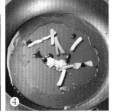

做法

1. 将洗净的葱切段；姜去皮切片。

2. 将备好的鸡中翅装入碗中，放入部分姜片，淋入料酒，加入适量生抽，放入少许盐拌匀，腌渍至入味。

3. 锅中注油烧热，放入腌渍好的鸡中翅，小火煎至两面呈金黄色，盛出，待用。

4. 锅底留油烧热，放入葱段、拍碎的八角、剩余姜片爆香。

5. 倒入鸡中翅，翻炒至香味散出，倒入可乐，大火煮至沸，改小火焖煮入味。

6. 调入适量盐、鸡粉，续煮一会儿至收汁，盛出装盘即可。

啤酒鸭

酒香不怕巷子深，
好吃的啤酒鸭不怕长时间的等待。
阳光正好，心情正佳，
细火慢烧啤酒鸭，好味！

材料

水鸭 1 只（约 500 克），鲜香菇 4 朵（约 80 克），
魔芋 90 克，啤酒 1 瓶，八角 7 克，桂皮 7 克，
花椒 15 克，干辣椒 20 克，葱段、姜块、蒜头各
10 克

调料

豆瓣酱 20 克，盐 2 克，生抽 4 毫升，食用油 30
毫升

做法

1. 鸭子洗净，剁成块；香菇洗净，切成块；魔
   芋洗净，切成块。

2. 锅烧热，注入适量食用油，放入姜块、蒜头，
   爆香，加入八角、桂皮、干辣椒、花椒，煸
   炒出香味。

3. 放入豆瓣酱，翻炒均匀，下入剁好的鸭块，
   翻炒均匀，收干水。

4. 淋入适量生抽，拌匀，放入魔芋、香菇翻炒
   均匀。

5. 倒入啤酒，搅拌均匀，大火烧开后转中小火
   慢炖 30 分钟，加入盐调味，最后放入葱段，
   翻炒均匀，盛出即可。

妙用啤酒

啤酒除能去腥，还能起到脆嫩、提鲜的作用，所以本菜不需要再加料酒。半只鸭子用600mL啤酒（刚好一瓶），也不用再加水。

第3章

在蔬食间，
追忆最本真的味道

上汤娃娃菜

它既像汤，又像菜，老少皆宜。
菜的清脆，汤的香郁，
瞬间就唤醒了你的胃。
有时候，简单所承载的东西更多，
就像这道菜。

材料

娃娃菜 1 棵，皮蛋 1 个，红椒 15 克，大蒜 20 克，
香葱 10 克，高汤 100 毫升

调料

盐 2 克，水淀粉 15 毫升，食用油 15 毫升

烹调步骤

1. 娃娃菜洗净，先对半切开，再均匀地切成条；
   皮蛋去壳，切成小丁块；红椒切成小块；大
   蒜切小块；香葱切段。

2. 锅中注入少许油烧热，放入大蒜爆香，再倒
   入高汤煮至沸腾。

3. 下入切好的娃娃菜煮一会儿，再放入皮蛋丁，
   开大火煮至娃娃菜变软。将娃娃菜捞出，铺
   在碗底。

4. 将红椒丁放入锅中，煮约 1 分钟，再放入香
   葱段煮一小会儿。

5. 搅拌均匀，淋入水淀粉，煮至沸腾。

6. 加入盐调味，盛出锅中的汤料，装在铺有娃
   娃菜的碗里即可。

醋要浇在锅的四周

要把醋浇在锅的四周，醋遇高温会瞬间产生香味，让包菜（卷心菜）更好吃，这也是保护包菜中维生素流失的好办法。

手撕包菜

这是一道吃不腻的经典湘菜。
做这道菜的乐趣之一，在于手撕。
将包菜撕成一块块，一片片，
爆炒过后，保持其原汁原味不流失，
鲜香微辣溢于心间。

材料

包菜（卷心菜）半颗（约600克），蒜末5克，
干辣椒4克，花椒3克

调料

盐2克，生抽15毫升，米醋5毫升，白糖3克，
食用油20毫升

烹调步骤

1. 将洗净的包菜切去根部，用手撕成大片。
2. 锅中注入少许食用油烧热，放入蒜末、干辣椒爆香。
3. 再放入花椒翻炒一会儿，炒至花椒的香味散发出来。
4. 倒入包菜，翻炒均匀。
5. 加米醋、白糖、生抽翻炒均匀。
6. 加入盐，翻炒均匀，炒熟至入味，盛出装盘即可。

香菇油菜

蔬菜和菌菇的碰撞，并无惊奇之处，
然而这样一道极致简单的搭配，
却成功地得到了人们的垂爱。

材料
香菇 200 克，油菜 3 棵，蒜末 5 克

调料
白糖 5 克，盐 2 克，生抽 10 毫升，水淀粉 5 毫升，
蚝油 5 毫升，食用油 20 毫升

烹调步骤

1. 洗净的油菜去根；洗净的香菇去蒂，切成片。

2. 锅中注入适量清水烧开，倒入处理好的油菜，
   焯至断生。

3. 捞出锅中焯好水的油菜，沥干水分，将其摆
   入盘中。

4. 锅中注入适量食用油烧热，倒入蒜末爆香，
   倒入香菇，翻炒片刻。

5. 加入生抽、盐、白糖、蚝油炒至入味，淋入
   适量水淀粉勾芡，盛出，摆入盘中即可。

如何炒出又脆又嫩的西芹

将西芹去丝切件，就是用刨刀削去西芹外层的老茎，斜切成菱形，这也是让西芹口感脆嫩的关键所在。

西芹百合

这可真的是"小菜一碟"，
简单易得的食材，
三三两两的翻炒，
几味调料的交织，
便有了清新脆爽的西芹百合。

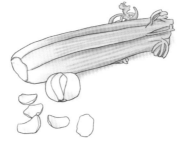

材料

西芹 80 克，鲜百合 100 克，胡萝卜 30 克，腰果 90 克

调料

盐 3 克，鸡粉 2 克，白糖 2 克，水淀粉 3 毫升，食用油 20 毫升

烹调步骤

1. 西芹去丝切段；胡萝卜去皮洗净，切半圆片；鲜百合洗净，撕成瓣。

2. 热锅注油，烧至五成热，倒入腰果，炸至变色捞出。

3. 锅留底油，倒入西芹、胡萝卜片，翻炒均匀。

4. 再放入鲜百合，翻炒均匀。

5. 加盐、鸡粉、白糖，翻炒均匀。

6. 倒入炸好的腰果，淋入少许水淀粉，炒匀，盛出装盘即可。

蒜蓉西蓝花

西蓝花是一种很受人们欢迎的蔬菜，
味道鲜美，营养价值高。
些许蒜蓉的加入，
更是让西蓝花微微的"苦涩"
褪得一干二净。

材料

西蓝花 750 克，蒜末 15 克

调料

盐 3 克，鸡粉 3 克，食用油 20 毫升

烹调步骤

1. 将西蓝花洗净，沥干水，切去老茎，再切成
   小朵。
2. 锅中注水烧开，加入适量盐，淋入少许食用
   油，煮至沸腾。
3. 放入西蓝花，焯水至变色即捞出。
4. 净锅注油烧热，放入蒜末爆香。
5. 倒入焯过水的西蓝花，翻炒均匀。
6. 加入适量盐、鸡粉，翻炒均匀至入味，盛出
   装盘即可。

干锅花菜

经久不衰的干锅花菜，焦香四溢。
当它被"盛情邀请"至餐桌之上时，
食客每每大快朵颐，赞不绝口。

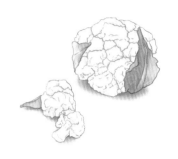

材料

花菜 600 克，五花肉 200 克，红尖椒、青尖椒
各 50 克，姜片、蒜片各 5 克

调料

老干妈豆豉酱 20 克，辣椒酱 10 克，生抽 12 毫升，
鸡粉 2 克，蚝油 6 毫升，白胡椒粉 2 克，食用油
40 毫升

烹调步骤

1. 将花菜洗净，掰成小朵；五花肉切薄片；红
   尖椒、青尖椒均切段。
2. 锅中注入适量清水烧热，放入花菜，焯水后
   捞出，沥干水。
3. 锅中注油烧热，放入五花肉片炒香。
4. 放入姜片、蒜片、红尖椒、青尖椒，爆香。
5. 加入辣椒酱、豆豉酱，翻炒均匀。
6. 放入花菜，中火不断翻炒。
7. 调入鸡粉、蚝油、生抽、白胡椒粉，炒匀，
   盛出，装入干锅即可。

荷塘小炒

这是一道在颜色搭配上让人眼前一亮的菜肴，
一看就有让人想吃的欲望。
原来，纯素也可以让人食指大动，垂涎欲滴。

材料
莲藕 100 克，山药 80 克，荷兰豆 80 克，胡萝卜 50 克，干木耳 5 克

调料
鸡粉 3 克，盐 2 克，食用油 20 毫升

烹调步骤

1. 将莲藕洗净去皮，切圆片；胡萝卜洗净去皮，切菱形片；将山药洗净去皮，切菱形片；荷兰豆洗净，撕去老根。

2. 将干木耳用清水泡发。

3. 锅中注入适量清水烧开，淋入适量食用油，倒入藕片、胡萝卜片，焯水捞出。

4. 再倒入山药片焯一会儿，倒入水发木耳，续煮至沸腾，倒入荷兰豆，焯水至变色，捞出沥干水，待用。

5. 净锅注油烧热，倒入焯过水的所有食材，翻炒均匀。

6. 加入盐、鸡粉，翻炒至食材熟软入味，盛出装盘即可。

苦瓜炒蛋

它一半是淡淡的苦，
一半是淡淡的鲜甜，
就好比人生百态，
总是有苦又有甜。

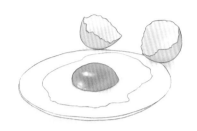

材料
苦瓜1根，鸡蛋2个

调料
盐2克，鸡粉2克，食用油30毫升

烹调步骤

1. 将苦瓜洗净，切段，去瓤，对半切开，改切成半圆片。
2. 碗中打入两个鸡蛋，搅拌均匀，加入适量盐，拌匀入味。
3. 锅中倒入适量食用油烧热，倒入蛋液。
4. 炒至八成熟，盛出装盘。
5. 净锅注油烧热，倒入苦瓜片，炒匀。
6. 调入少许盐、鸡粉，翻炒入味，倒入炒好的鸡蛋，混合均匀，盛出即可。

松仁玉米

来自东北的一道传统炒菜，
没有名贵的食材，也没有绚烂的外表，
其姿态低入尘埃，美名却传遍大江南北。

材料
玉米粒200克，胡萝卜50克，松子仁、豌豆各
30克

调料
盐、鸡粉各2克，食用油20毫升

烹调步骤

1. 将备好的胡萝卜洗净去皮，切成小丁。

2. 锅中注入适量清水烧开，放入豌豆，焯水至
   熟软，捞出，沥干水，待用。

3. 另起锅注入适量清水烧开，放入玉米粒，焯
   水至熟软，捞出，沥干水，待用。

4. 净锅烧热，放入松仁煎炒至呈金黄色，盛出，
   待用。

5. 锅中注油烧热，放入胡萝卜丁，炒至胡萝卜
   表面变得熟软，倒入玉米粒，翻炒均匀，再
   倒入豌豆，继续翻炒均匀。

6. 倒入松仁炒匀，加入盐、鸡粉，翻炒至入味，
   盛出炒好的松仁玉米，装入备好的盘中即可。

可用罐装玉米代替鲜玉米

松仁玉米中的玉米最好用新鲜玉米，新鲜玉米清甜可口，能为菜品加分。如果买不到新鲜玉米，用罐装的玉米代替也可。

干煸豆角

干煸豆角可是餐桌上的"常客"，
那干辣浓郁的味道不知迷倒了多少人，
"无肉不欢"的人都抵挡不住。

材料

豇豆角 400 克，猪肉末 40 克，干辣椒 8 克，
葱花、姜末、蒜末各 8 克，青花椒 5 克

调料

生抽 8 毫升，盐 2 克，鸡粉 2 克，料酒 5 毫升，
食用油适量

烹调步骤

1. 将备好的将豆角洗净，切成段；干辣椒切段。

2. 将猪肉末装碗，加入料酒、生抽拌匀，腌渍
   一会儿。

3. 锅中注油烧至七成热，放入豇豆角，炸至表
   面出褶皱，盛出，沥干油，待用。

4. 净锅注入少许油烧热，放入葱花、蒜末、姜末，
   爆出香味，再放入干辣椒、青花椒炒香。

5. 倒入腌渍好的肉末，炒至变色，倒入炸好的
   豇豆角，翻炒匀，加入适量生抽、鸡粉、盐，
   翻炒入味，盛出装盘即可。

鱼香茄子

本菜无鱼，却有鱼之香味，
红油流淌在食材上，口水吞进肚中，
一把葱花的点缀，恰到好处！

材料

紫色长茄子500克，五花肉50克，四川红泡椒碎20克，葱花、姜末、蒜末各6克

调料

盐2克，生抽6毫升，陈醋8毫升，白糖6克，水淀粉5毫升，食用油适量

烹调步骤

1. 将长茄子洗净，去蒂，切成长条；将五花肉去皮，剁成肉末。
2. 锅中注入半锅食用油，烧至五成热（即手掌放在上方有明显热感的时候），放入茄子，中小火炸至表面金黄后，捞出，沥干油。
3. 另起锅，注入少许食用油烧热，放入肉末、姜末、蒜末，炒香。
4. 加入红泡椒碎炒匀，放入炸好的茄子。
5. 调入盐、白糖、陈醋、生抽，翻炒均匀，用水淀粉勾芡。
6. 撒入葱花，快速翻炒均匀，盛出，装入盘中即可。

如何保持茄子色泽

切好的茄条可用柠檬汁或者白醋浸泡，有利
于保持茄子的色泽。

炸的小秘诀

茄子极易吸油，因此炸茄子时，将油量要多一些，且油温要高，期间不时翻炒，尽量将其炸匀炸透。
青椒块炸久会变色，待茄子块炸好后，将其倒入锅内与茄块拌匀，盛起沥干油即成。

地三鲜

土豆．青椒．茄子，
本无关联，却在本菜中"相依相伴"，
它们在油锅中来去自如，
在餐桌上"一鸣惊人"。

材料

土豆 1 个（100 克），茄子 1 根（300 克），青椒 80 克，红椒 80 克，葱白 5 克，姜 15 克，大蒜 10 克

调料

盐 3 克，白糖 3 克，鸡粉 3 克，蚝油 8 克，水淀粉 8 毫升，食用油适量

烹调步骤

1. 茄子洗净，切滚刀块；蒜瓣拍扁，去皮，剁末；生姜去皮，剁末。

2. 土豆去皮，切成块状，浸水泡一会儿；青椒、红椒均切开去籽，切斜片。

3. 油烧至四成热，待稍有微小的气泡出现时放入沥干水的土豆，炸约 2 分钟至金黄捞出。

4. 待油温升高至四成热，放入茄子、红椒、青椒，炸约 1 分钟至金黄色捞出，装盘。

5. 净锅注油烧热，放入姜末、蒜末、葱白爆香，加蚝油，炒匀，倒入 200 毫升清水，煮至沸腾，放入盐、白糖、鸡粉、蚝油炒匀。

6. 加入青椒、红椒，略炒，倒入土豆、茄子炒匀后煮 1 分钟，用水淀粉勾芡收汁即可。

剁椒鱼头

清蒸鲈鱼

豉菜鱼

芹菜鱿鱼卷

油焖虾

剁椒鱼头

葱油花蛤

水煮鱼

蒜蓉烤生蚝

香辣蟹

第4章

至鲜至美，
引无数老饕竞折腰

水煮鱼

一提到重庆，你大概马上会想到豪爽的江湖菜。
水煮鱼正是重庆江湖菜的代表。
所谓江湖菜，字里行间透露着草莽的气息，
凸现了重庆的码头文化，也点出这道菜的大众特色。

材料
草鱼 1 条（约 600 克），黄豆芽 100 克，干辣
椒 20 克，花椒 10 克，桂皮 10 克，八角 2 克，
香菜、生姜、大蒜各 5 克

调料
盐 5 克，鸡粉 2 克，胡椒粉 3 克，豆瓣酱 20 克，
生粉 10 毫升，食用油适量

做法

1. 将草鱼洗净，用刀将鱼身两边的肉剔下来，
   分离出鱼骨。鱼肉斜刀片成薄薄的鱼片，鱼
   头对半切开，鱼骨切段。

2. 将片好的鱼肉放入玻璃碗中，加入 3 克盐、
   胡椒粉、生粉、食用油，拌匀，腌渍至入味。

3. 将干辣椒剪成小段，生姜、大蒜切成厚片。

4. 锅中注油烧热，爆香姜片、八角、桂皮、蒜片，
   放入干辣椒段、豆瓣酱、花椒，煸炒出红油。

5. 加入 2 克盐、鸡粉，放入黄豆芽、鱼头、鱼骨，
   煮至断生，捞出食材装碗。

6. 汤锅中放入腌渍好的鱼片，余熟后捞出，盛
   入装有黄豆芽、鱼头、鱼骨的碗中。

7. 将锅中的热汤倒入装有食材的碗中。

8. 另起锅注油烧热，放入花椒、干辣椒段，爆香，
   制成辣椒油，倒入碗中，点缀上香菜即可。

不炸不成"器"

这道菜的精髓是油炸花椒和干辣椒。只有将
火候把握好，才能将花椒和干辣椒炸得香气
十足。热油带着香气浸透每一片鱼肉和所有
配菜，成就了这一道川菜经典。

酸菜鱼

酸菜本家常，鱼儿水底藏，
妙手来烹饪，麻辣鲜酸香。
冒着热气的香汤，白嫩嫩的鱼片，
扑鼻而来的酸气，
引爆味蕾，这酸爽令人拍案叫绝！

材料

鲩鱼肉600克，酸菜250克，四川泡红辣椒20克，
干辣椒段10克，藤椒(青花椒)15克，蛋清25克，
姜片3克

调料

盐3克，鸡粉1克，生粉5克，食用油适量

做法

1. 将洗净的鲩鱼肉切成片；酸菜洗净，切成段。

2. 将鱼片放入玻璃碗中，放入鸡粉、盐、蛋清、
   生粉，拌匀，腌渍片刻。

3. 锅中注入适量食用油烧热，放入姜片、四川
   泡红辣椒，炒香。

4. 放入酸菜，炒香，注入适量清水，加入盐、
   鸡粉，中火煮至味道融入汤中，捞出酸菜和
   泡红辣椒，装入碗中。

5. 汤汁烧热，放入腌渍好的鱼片，用筷子轻轻
   滑散。

6. 待鱼肉颜色变白后捞出，盛入装有酸菜和泡
   红辣椒的碗中，倒入汤汁。

7. 另起锅注油烧热，放入藤椒和干辣椒段，爆
   香，加热到冒烟，将热油浇到酸菜上即可。

剁椒鱼头

剁椒鱼头估计是湘菜馆里点击率最高的一道菜吧，
火辣辣的红剁椒，覆盖着白嫩嫩的鱼头，
冒着热腾腾的香气，一大盘端上桌来，
鱼头的"鲜"和剁椒的"辣"融为一体，
风味独具一格。

材料

鳙鱼鱼头1个（约500克），剁椒40克，葱段、
葱花、姜丝各10克

调料

白酒10毫升，盐2克，白胡椒粉3克，豆豉5克，
食用油适量

做法

1. 鳙鱼鱼头去鳃后洗净，对半切开。
2. 将鱼头放入玻璃碗中，淋上白酒，撒上盐，
   加入白胡椒粉，在鱼头内外抹匀。
3. 将腌渍好的鱼头放入盘中，铺上剁椒，撒上
   豆豉、姜丝，放上适量葱段。
4. 将鱼头放入烧开的蒸锅，大火蒸8分钟。
5. 取出蒸好的鱼头，去掉表面的葱段，撒上葱
   花，最后浇上烧热的食用油即可。

好味道的诀窍

事先用部分调料抹匀鱼头，不仅能去除异味，而且能赋予鱼头基本底味。在蒸好的鱼头上淋上适量蒸鱼豉油，会使味道提升，真是鲜得不得了！

"虚蒸" 5分钟

如果鱼的个儿头不是太大，蒸制时间应控制在8分钟以内，时间过长鱼肉会老。关火后，先不要打开锅盖，让鱼在锅内"虚蒸"5分钟，味道会更好。

清蒸鲈鱼

范仲淹有诗云："江上往来人，但爱鲈鱼美。"
鲈鱼之鲜美，自古以来未断赞誉。
清蒸鲈鱼肉色如雪且细嫩无比，
味极鲜且回味悠长。

材料
鲈鱼 1 条，葱 30 克，红椒 15 克，姜 15 克

调料
蒸鱼豉油 20 毫升，食用油适量

做法

1. 将鲈鱼宰杀洗净；姜洗净去皮，一部分切片，另一部分切细丝；葱洗净，葱梗切段，葱叶切细丝；红椒切丝。
2. 将处理好的鲈鱼背上开一刀，装入蒸盘中，往鱼身上铺上切好的姜片、葱段。
3. 将蒸盘放入已经烧开的蒸锅中，盖盖，大火蒸约 6 分钟，关火后虚蒸 5 分钟，揭盖，取出蒸好的鲈鱼，拣去姜片、葱段。
4. 往鱼身上撒上葱丝、姜丝、红椒丝，再往鱼身上淋上适量热油，最后浇上少许蒸鱼豉油即可。

豆瓣鲫鱼

鲜嫩肥美的鲫鱼，是很多人的心头爱；
郫县的豆瓣酱，更是盛名不衰的调味王。
历史造就它们的相逢，使之互相融合，
鱼之鲜香，豆瓣之厚重，
在这里，均得到最佳体现。

材料

净鲫鱼300克，生姜、大蒜各3克，小葱4克

调料

豆瓣酱100克，盐3克，白胡椒粉2克，生粉8克，芝麻油5毫升，食用油适量

做法

1. 鲫鱼洗净；生姜、大蒜均切成末；小葱切成段。

2. 将鲫鱼放入盘中，撒上盐，涂抹均匀，再撒上生粉，抹匀，腌渍至入味。

3. 锅中倒入食用油，烧至五六成热，用手掌放在上方有明显热力的时候，放入鲫鱼，炸至皮酥，捞出沥油，备用。

4. 另起锅注油烧热，放入豆瓣酱，倒入姜末、蒜末、葱段炒香，注入适量清水烧开，再放入炸好的鲫鱼。

5. 待汤汁烧热，撒上白胡椒粉，淋入芝麻油，拌炒均匀，用小火煮至入味，盛入盘中即可。

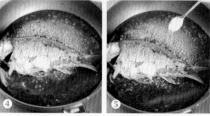

念念不忘的80道
经典家常菜

091

麻辣香锅

究竟是什么"大牌"的食材非要动用大锅来盛？
是怎样的美味如此好吃？
它是麻辣香锅！
一种让"寂寞"的胃狂欢起来的"盛宴"。

材料

明虾 200 克，鱿鱼 150 克，鸡中翅 120 克，莲藕、荷兰豆各 100 克，麻辣香锅料 80 克，姜片、蒜片各 2 克，八角、桂皮、草果、香叶各 1 克，干辣椒 8 克，青花椒 8 克

调料

郫县豆瓣酱 40 克，鸡粉 2 克，白胡椒粉 1 克，生抽 8 毫升，蚝油 6 毫升，食用油适量

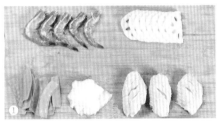

做法

1. 明虾洗净，去虾须；鸡中翅洗净，表面划刀；荷兰豆洗净，去老筋；莲藕去皮洗净，切半圆片；处理好的鱿鱼切十字花刀，再切小块。

2. 将鸡中翅放入碗中，加入生抽拌匀，腌渍片刻。

3. 锅中注入清水烧开，分别放入荷兰豆、莲藕、鱿鱼，焯水后捞出，待用。

4. 另起锅注油烧热，放入鸡翅中炸至金黄色，捞出；油锅中再放入明虾，炸至金黄色，捞出。

5. 锅中注入食用油烧热，放入姜片、蒜片、八角、桂皮、草果、香叶，爆香。

6. 加入青花椒、干辣椒、麻辣香锅料、郫县豆瓣酱，炒匀。

7. 倒入明虾、鸡翅中、鱿鱼、荷兰豆和莲藕，调入鸡粉、白胡椒粉、生抽、蚝油，盛锅即可。

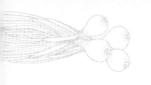

盐水虾

虾之美味，就在于鲜。
活蹦乱跳的虾，
应该用直接又简单的方式 "浴水重生"，
变成盐水虾，
给人带来视觉·味觉的双重享受。

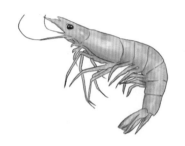

材料

基围虾 300 克，八角、桂皮、花椒各 1 克，姜末、
姜片、葱段各 10 克，冰块适量，香菜叶少许

调料

盐 4 克，生抽 5 毫升，料酒 10 毫升

做法

1. 锅中注水烧热，倒入八角、桂皮和花椒，煮
   一会儿，放入姜片和葱段。

2. 加入适量盐、料酒，拌匀，煮至沸，制成盐水，
   取一些盐水装碗，放入冰箱冷藏，待用。

3. 将剩余盐水煮开后放入处理干净的基围虾，
   汆烫约 90 秒至基围虾变色，再稍微煮一会
   儿至熟软。

4. 关火后捞出烫熟的基围虾，放入冷藏好的盐
   水碗中。

5. 加入冰块冰镇一会儿。

6. 将生抽加入姜末中，制成蘸料；将已降温的
   盐水虾装盘，摆上香菜叶，食用时蘸取蘸料
   即可。

油焖虾

鲜虾最经典的做法莫过于油焖，
简单方便，老少咸宜。
做油焖虾不需要太多的配料，
突出鲜虾本身的鲜美是关键，
入口鲜甜浓郁，
才最能引人食欲。

材料

基围虾 300 克，韭黄 50 克，生姜、蒜各 15 克

调料

盐 2 克，鸡粉、白胡椒粉各 1 克，生抽 3 毫升，
白醋 15 毫升，白糖 1 克，芝麻油 10 毫升，食
用油适量

做法

1. 将基围虾清洗干净，切去虾头；生姜洗净去
    皮，切成小片；蒜去外衣，切成小片；韭黄
    洗净，切段。
2. 锅中注油烧至六成热，放入基围虾炸至虾身
    金黄、虾肉焦脆，捞出，沥干油分，待用。
3. 净锅注油烧热，放入姜片、蒜片爆香，倒入
    炸好的基围虾，翻炒一会儿。
4. 加入鸡粉、白胡椒粉、盐翻炒均匀，淋入少
    许生抽、白醋，炒入味。
5. 倒入切好的韭黄，加入少许白糖，拌炒均匀，
    淋入少许芝麻油，炒匀，稍微焖一会儿，盛
    出装盘即可。

芹菜鱿鱼卷

柔软的身躯，敏捷的身手，
使得鱿鱼能在海鲜里立足。
烧烤使它扬名小吃界，
菜肴让它"大展身手"，
芹菜鱿鱼卷，够清新，够有味儿，
就让它"游进"你的胃里和心里吧！

材料

鱿鱼 300 克，芹菜 200 克，青辣椒、红辣椒各 1
根，姜末、蒜末各适量

调料

生抽 6 毫升，陈醋 3 毫升，盐 2 克，鸡粉 3 克，
料酒少许，食用油适量

做法

1. 将鱿鱼清洗干净，切花刀，再切成片；芹菜
   洗净去老根，斜刀切片；青椒椒、红椒椒均
   洗净切成丝。

2. 鱿鱼装碗，淋入少许料酒，放入适量盐拌匀，
   腌渍一会儿。

3. 锅中注入适量清水烧开，倒入鱿鱼汆水至卷
   起后立即捞出，沥干水，待用。

4. 净锅注入少许油，放入蒜末、姜末爆出香味，
   放入青椒丝、红椒丝、芹菜片，再倒入鱿鱼卷，
   翻炒均匀。

5. 加入适量盐，放入适量生抽、鸡粉、陈醋，
   翻炒至入味，盛出装盘即可。

切花刀要小心

鱿鱼切花刀时要小心，不要将其切断。如果
刀工不太熟练，切口不要切得过密。

防止蟹腿脱落小妙招

湖蟹活动力比较强，需要用竹棍从大闸蟹的呼吸部分插入，放置一会儿至大闸蟹失去动弹能力后再放入蒸锅中，以保证蒸熟后蟹腿完整不脱落。

清蒸大闸蟹

"蟹螯即金液，糟丘是蓬莱。

且须饮美酒，乘月醉高台。"

这是李白对大闸蟹的偏爱，

也是大闸蟹自古以来就受欢迎的力证。

清蒸大闸蟹，是对蟹的最高礼遇，

毕竟那份原汁原味也如同初心一般可贵。

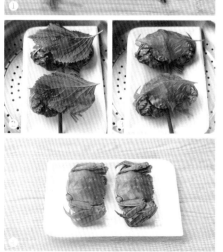

材料

大闸蟹 2 只，紫苏 10 克，生姜 15 克

调料

红醋 15 毫升

做法

1. 大闸蟹洗净，用竹棍从大闸蟹的呼吸部分插入，放置一会儿至大闸蟹失去动弹能力；生姜去皮，洗净切末。

2. 将大闸蟹装入盘中，再放入烧热的蒸锅中，盖上紫苏叶。

3. 加盖大火蒸 7 分钟，蒸熟后揭开锅盖，取出蒸熟的大闸蟹。

4. 挑去大闸蟹上的紫苏叶，拔出木棍，搭配姜末与红醋制成的蘸料食用即可。

香辣蟹

俗语说："秋风起，蟹脚痒，九月圆脐十月尖。"
在合适的季节，碰到肥美的蟹，
怎么能甘愿让它从时间的缝隙中溜走？
香辣蟹给了蟹不一样的香辣滋味，
大概这才是一种佳肴应有的味道。

材料

海蟹 700 克，干辣椒 25 克，藤椒（青花椒）10
克，生姜 15 克，蒜头 5 克，八角、桂皮各 10 克，
大葱 20 克，草果、香叶各 1 克，香菜叶 2 克

调料

豆瓣酱 60 克，盐 3 克，料酒 20 毫升，生抽 20
毫升，白糖 2 克，鸡粉 2 克，白胡椒粉 1 克，蚝
油 20 毫升，食用油适量

做法

1. 将所有食材洗净；生姜去皮切片；大葱切
   成段；海蟹剥开壳，身子切成块；干辣椒
   剪成段。

2. 锅烧热，注入食用油，放入姜片、蒜头、八角、
   桂皮、香叶、草果、藤椒，爆香。

3. 放入干辣椒段、豆瓣酱，炒出红油，放入海蟹，
   中火快速翻炒均匀。

4. 调入盐、鸡粉、白胡椒粉、蚝油、料酒、生抽、
   白糖，翻炒均匀。

5. 放入大葱段，快速翻炒至熟透，盛入干锅中，
   点缀上香菜叶即可。

 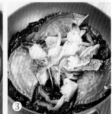

葱油花蛤

对于一个喜欢吃海鲜的"老饕"来讲，
还有什么是比带壳的食材更加吸引人的呢？
壳外是海洋的世界，壳内是鲜嫩的美味，
浇上用热油爆香的葱姜，
这一刻，甩开腮帮子，尽情啜去吧！

材料
花蛤 500 克，姜片 8 克，蒜末 8 克，葱花 5 克，
干辣椒段 6 克

调料
蒸鱼豉油 30 毫升，白糖 3 克，料酒 2 毫升，食
用油适量

做法

1. 将花蛤浸入淡盐水中浸泡一会儿，搓洗干净，
   再沥干水。

2. 锅中注入适量清水烧热，放入姜片，淋入少
   许料酒，倒入蛤蜊，煮至壳全部张开，捞出
   蛤蜊，沥干水，装入碗中，待用。

3. 将煮蛤蜊的水倒去一半，留一半，加入蒸鱼
   豉油，煮至沸腾，加入白糖，煮至入味。

4. 舀出锅中的汤汁，浇在蛤蜊上。

5. 蛤蜊上放上葱花、蒜末，再放上干辣椒段。

6. 净锅注入适量食用油烧热，盛出淋在蛤蜊上
   即可。

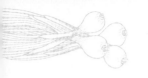

蒜蓉粉丝蒸扇贝

一颗颗扇贝犹如盛开的鲜花，
开在眼前，鲜留心间。
一尾粉丝，一尾肉，
还有一些葱花. 蒜末顶上扣，
再添一把滚汤油，
一种激动上心头。

材料
扇贝 8 个，粉丝 20 克，蒜末 15 克，葱花 10 克，
香菜少许

调料
蚝油 10 毫升，生抽 10 毫升，鸡粉、盐、白胡
椒粉各 2 克，食用油适量

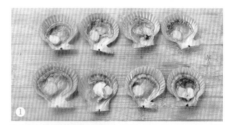

做法

1. 将扇贝去掉砂囊，洗净，取出扇贝肉，装入
   碗中；粉丝泡发。

2. 锅中放油烧至五成热，放入蒜末炸香，备用。

3. 用炸香的蒜末、鸡粉、盐、白胡椒粉腌渍扇
   贝肉。

4. 将泡好的粉丝放在扇贝壳上，再放上腌渍好
   的扇贝肉，摆入盘中，放入烧开的蒸锅蒸 5
   分钟。

5. 取出蒸好的扇贝，撒上葱花，浇上烧开的食
   用油，点缀上香菜即可。

蒜蓉烤生蚝

生活，有时候是需要挑战的；
美食，有时候并不是容易做的。
但付出总是会有回报的，
就像这道烤生蚝。
那般坚硬的壳，不经历"千辛万苦"如何打开？
当成品出烤箱之时，
那阵阵奇香定能叫你感动到自己。

材料

鲜活生蚝6个，蒜蓉50克，葱花10克，红椒丁15克

调料

盐2克，生抽3毫升，柠檬汁10毫升

做法

1. 将生蚝洗净表面泥沙，撬开壳，待用。

2. 将葱花装入碗中，再倒入蒜蓉，加入少许红椒丁。

3. 淋入适量柠檬汁，加入少许生抽，放入少许盐，搅拌均匀，制成调味汁。

4. 将生蚝放在备好的烤盘上，再放入预热好的烤箱中，烤一会儿至生蚝表面渐干。

5. 取出生蚝，在生蚝肉上放上调味汁，继续放入烤箱中，烤约2分钟至入味，取出即可。

宫保鸡丁　平锅土豆片　烧排骨　麻婆豆腐　盐爆腰花　豉辣藕丁　红烧小黄鱼　辣子鸡　蒜薹炒肉　农家小炒肉

第5章

相濡以沫，
与米饭的不解之缘

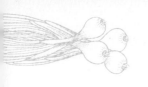

鱼香肉丝

这道特色传统川菜，可谓色香味俱全。
"鱼香"与"余香"谐音，由泡红辣椒等炒味品炒制而成。
成菜色红润、肉嫩、质鲜、富鱼香味，
其味厚重悠长，余味缭绕，回味无穷……

材料

猪里脊肉300克，水发木耳50克，冬笋100克，
红泡椒20克，姜末、蒜末各20克，葱段10克

调料

盐2克，鸡粉3克，白胡椒粉3克，陈醋8毫升，
生抽8毫升，白糖6克，米醋3毫升，水淀粉5
毫升，生粉4克，食用油适量

做法

1. 冬笋洗净去皮，切成丝；水发木耳切成丝；
    猪里脊肉切丝；红泡椒剁碎。

2. 猪里脊肉装碗，加入盐、鸡粉、白胡椒粉拌匀。

3. 猪里脊肉稍稍腌渍后加入生粉，倒入适量食
    用油，拌匀。

4. 锅烧热，注油，放入姜末、蒜末，爆香。

5. 放入红泡椒，翻炒均匀，小火煸炒出红油。

6. 倒入腌渍好的猪里脊肉，翻炒均匀，下入冬
    笋丝、木耳丝，快速翻炒均匀。

7. 取一小碗，加入白糖、鸡粉、陈醋、米醋、生抽、
    水淀粉，拌匀成鱼香汁，倒入锅中，翻炒均匀。

8. 加入葱段，快速翻炒均匀，盛出，装入盘中
    即可。

顺着纤维纹路斜切

猪肉要顺着纤维纹路斜切。猪肉质地较牛肉
比起来细嫩、筋少，如不顺着纤维纹路斜切，
在加热或上浆时，会变得凌乱散碎。

油润、干香

农家小炒肉是湘菜中的名菜之一，其最大的特点就是油润和干香。因此，肉片一定要充分煸透。

农家小炒肉

有名的湘菜，饭桌上的家常菜，
它是否让你怀念妈妈的手艺了？
肉类煸炒，辣椒调味，
简简单单的做法，却麻辣够味儿，令人不能忘怀。
将满腹相思融入小炒肉的辛辣爽口之中，
在辣椒的催化之下，
配上一碗米饭，
最能勾起游子舌尖上的乡愁！

材料

梅花肉300克，青椒、红椒各50克，豆豉10克，
姜丝、蒜末各5克

调料

盐2克，生抽5毫升，料酒5毫升，鸡粉3克，
食用油适量

做法

1. 将备好的梅花肉切成片；青椒、红椒均切成块。

2. 将切好的肉片装入碗中，加入鸡粉、料酒、生抽抓匀，腌渍一会儿至上色、入味。

3. 锅中注入适量食用油烧热，放入姜丝爆香，再放入蒜末、豆豉，炸出香味。

4. 倒入腌渍好的肉片，炒匀至表面变色。

5. 倒入切好的青椒块、红椒块，翻炒均匀。

6. 加入适量盐，翻炒至入味，盛出装盘即可。

蒜薹炒肉

蒜薹炒肉是菜品中一位朴素、清爽的"甜姐儿"。
醉春里，伸一个小懒腰，满怀对夏天的冲劲，
这时正是蒜薹的好季节。
几根浓蒜香、微辣、爽甜的蒜薹伴上嫩肉，
吃一口，仿佛置身于广袤田野里，
一垄垄大蒜正在喜气盈盈、旺旺盛盛地生长着。

材料

蒜薹 200 克，猪肉 200 克，干辣椒 20 克

调料

盐 2 克，生抽 5 毫升，白糖 3 克，鸡粉 3 克，料酒 5 毫升，生粉 5 克，食用油适量

做法

1. 将洗净沥干水的瘦肉切成丝；备好的蒜薹切去老梗，再改刀切成段；干辣椒切成丝，备用。

2. 将瘦肉丝装入碗中，加入适量生抽、料酒、盐、生粉拌匀，腌渍至入味。

3. 锅中注入适量清水烧开，倒入蒜薹，焯水至变色，捞出，沥干水，待用。

4. 净锅注油烧热，倒入猪肉丝炒至变色，盛出，待用。

5. 净锅注油烧热，倒入干辣椒爆香，倒入蒜薹翻炒均匀，再倒入瘦肉丝翻炒匀。

6. 加入适量盐、鸡粉、白糖，翻炒至食材入味，盛出装盘即可。

如何处理猪腰

处理猪腰时，用刀从猪腰一侧片起，把白色的
筋和暗红色的组织都片掉，最后将猪腰放在水
淀粉里反复抓洗，最后用清水冲洗干净即可。

酱爆腰花

寒冬腊月，身体进入"休眠"状态，

此时最宜进食滋补。

想要减弱"冬藏"素质，

味甘咸、性平入肾经的腰花就能滋养身体。

"夜深知雪重，时闻折竹声。"

夜雪天，一碗米饭，一碟酱爆腰花，温润身心。

材料

猪腰 300 克，西芹 50 克，胡萝卜 50 克，葱段、蒜片、姜片各 10 克

调料

盐 2 克，鸡粉 1 克，白胡椒粉 2 克，生抽 8 毫升，老抽 2 毫升，白醋 5 毫升，水淀粉 5 毫升，甜面酱 20 克，食用油适量，生粉 15 克

做法

1. 将腰花清洗干净，去除筋膜，切成条；胡萝卜洗净去皮，切成树叶形；西芹洗净，斜刀切段。

2. 切好的猪腰装碗，加入适量生抽、老抽、白醋，再放入适量生粉抓匀，腌渍一会儿至入味。

3. 净锅注油烧热，放入葱段、姜片、蒜片爆出香味。

4. 再放入胡萝卜、西芹翻炒均匀，倒入腌渍好的猪腰。

5. 翻炒至猪腰变色，加入盐、甜面酱、鸡粉、白胡椒粉，炒匀入味，淋入少许水淀粉勾芡收汁，盛出即可。

歌乐山辣子鸡

本菜起源于重庆歌乐山，
曾一度引爆川渝地区的"辣子鸡时代"。
其乐趣在于，在一堆红彤彤的辣椒中，
拣出色泽鲜艳、入口酥脆、甜咸适口的鸡丁。
诱人食欲到不能自拔，麻辣到双唇颤抖，
当一回冷风中身披红袍的侠客吧！

材料

鸡全翅500克，干辣椒40克，姜片、蒜片各5
克，藤椒（青花椒）10克，葱段6克，熟白芝
麻5克

调料

盐、鸡粉各2克，白糖3克，生抽8毫升，料酒
10毫升，食用油适量

做法

1. 鸡全翅洗净，剁小块；干辣椒用剪刀剪成段。

2. 将鸡翅放入碗中，加入鸡粉、生抽、料酒拌匀，
   腌渍至入味。

3. 锅中注入食用油，烧至五成热（即手掌放在
   上方有明显热力的时候），放入腌渍好的鸡
   翅，中小火炸至表面金黄，捞出，沥干油分。

4. 另起锅，注入食用油烧热，放入姜片、蒜片
   爆香。

5. 放入藤椒、干辣椒段，炒香，炒出红油。

6. 放入炸好的鸡翅，翻炒均匀，调入鸡粉、盐、
   白糖，炒匀。

7. 放入葱段、熟白芝麻，快速翻炒均匀，盛出，
   装入盘中即可。

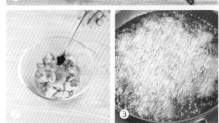

五味调和

宫保鸡丁的重点在于五味的调和，虽然酸甜唱主角，但咸、麻、辣也不能少，这样吃起来才会有层次感。

宫保鸡丁

这道清朝起源的宫廷菜，
流传广泛，享誉中外。
鸡丁结伴辣椒，配上沁人心脾的醋，在锅里"热舞"；
火让温度不断升高，
你们的"舞蹈"变得更加狂热。
最后，一点盐，一点酱油，
用芡轻轻一勺，美味即刻出锅了！

材料

鸡腿2个，花生米50克，小葱30克，花椒20克，
干辣椒8克，姜、蒜各10克，蛋清20克

调料

豆瓣酱30克，盐2克，鸡粉3克，生抽15毫升，
白糖20克，米醋15毫升，料酒10毫升，生粉6克，
食用油适量

做法

1. 鸡腿去骨，切成丁，装入碗中。

2. 碗中加入生抽、盐、鸡粉、蛋清拌匀，腌渍片刻，放入生粉，搅拌均匀。

3. 锅中注入适量食用油烧热，放入花生米，炸至呈金黄色，捞出待用。

4. 小葱切成段；姜洗净去皮，切丁；蒜去外衣，切丁；干辣椒剪成段。

5. 锅烧热，注入适量食用油，放入姜末、蒜末、花椒、干辣椒爆香，放入腌渍好的鸡丁，翻炒均匀，放入豆瓣酱，炒匀。

6. 加入白糖，淋入米醋、料酒，快速翻炒均匀，放入葱段、花生米，翻炒均匀，盛出，装入盘中即可。

红烧小黄鱼

江南好，江南秋冬小黄鱼多又好。
"日出江花红胜火，春来江水绿如蓝。"
烧出下饭鲜香的小黄鱼，
想象自己是一条在江南美景下畅游的鱼，
吃饭也乐趣多。

材料

小黄鱼4条，水发香菇40克，姜10克，蒜5克，
小葱15克，青椒、红椒各30克，蛋黄20克

调料

盐2克，鸡粉2克，生粉2克，白胡椒粉1克，
生抽、老抽各2毫升，蚝油3克，白糖2克，芝
麻油8毫升，食用油适量

做法

1. 小黄鱼去鳞、鳃、内脏后清洗干净；小葱洗
   净切段；青椒、红椒均洗净，切小块；泡发
   好的香菇切片；姜、蒜均洗净切片。

2. 将处理好的小黄鱼装碗，撒上适量盐。

3. 加入一个蛋黄，放入生粉抓匀，腌渍一会儿。

4. 锅中注入适量油烧至七成热，倒入小黄鱼炸
   至两面金黄色，捞出沥干油分，待用。

5. 锅中注油烧热，放入姜片、蒜片、香菇片、
   青椒块、红椒块，翻炒出香味。

6. 淋入少许清水，煮至沸，加入适量鸡粉、生抽、
   老抽、蚝油、白胡椒粉、白糖。

7. 淋入少许芝麻油拌匀煮至入味，倒入小黄鱼
   煮至入味，盛出装盘即可。

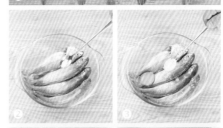

香酥椒盐虾

让生活像这些热油锅中蹦着跳着的虾一样活起来！
撒一些椒盐，淋上些许芝麻油和花椒油，
让菜肴和生活都有滋有味。

材料

基围虾 500 克，洋葱、红椒各 80 克，姜、蒜、
小葱各适量，香菜少许

调料

生粉 10 克，盐 2 克，料酒 5 毫升，椒盐 8 克，
芝麻油、花椒油各 10 毫升，食用油适量

做法

1. 将基围虾洗净，切去虾头；洋葱、红椒均
   切粒；姜、蒜剁末；葱切葱花；香菜切碎。

2. 锅中注水烧开，倒入处理好的基围虾，加入
   少许料酒，余水至变色，捞出沥干水，装入
   大碗中，加入少许盐，放入生粉，搅拌均匀，
   腌渍一会儿。

3. 锅中注油烧热，放入基围虾，炸至虾身弯曲，
   且呈金黄色，捞出沥干油分。

4. 净锅注油烧热，放入蒜末、姜末、洋葱粒、
   红椒粒、香菜碎，炒匀。

5. 倒入基围虾，加入椒盐、芝麻油、花椒油炒
   匀入味，撒上葱花，拌匀后盛出装盘即可。

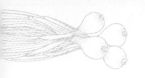

麻婆豆腐

这是一道最平民化的名菜，却也是最考究功夫的。
每吃一次麻婆豆腐，大多味道迥异。
而妈妈做的麻婆豆腐，
虽不是最考究的、最精致的，
却是记忆中最怀念的味道……

材料

南豆腐 350 克，牛肉 50 克，青蒜适量，姜片、
蒜头各 8 克，葱花少许

调料

郫县豆瓣酱 30 克，花椒粉 5 克，料酒 3 毫升，
生抽 2 毫升，白糖、鸡粉、白胡椒粉各 2 克，水
淀粉、食用油各适量

做法

1. 将备好的南豆腐切成块；牛肉剁成末；青蒜
   切碎；姜、蒜均切末。

2. 锅中注入适量清水烧开，倒入切好的南豆腐，
   焯煮约 1 分钟，捞出，沥干水，待用。

3. 净锅注油烧热，倒入牛肉末，翻炒至牛肉末
   变色、散开，加入姜末、蒜末。

4. 倒入豆瓣酱，翻炒至肉末均匀上色。

5. 倒入豆腐块，淋入适量清水煮至沸。

6. 加入鸡粉、花椒粉、白糖、白胡椒粉、料酒、
   生抽，轻轻翻炒入味。

7. 淋入少许水淀粉勾芡，撒上青蒜碎，翻炒匀，
   盛出装盘即可。

干锅土豆片

小小的微胖的土豆，有时表皮还附些泥巴，
它敦厚又可爱，让人想到《玩具总动员》中的土豆先生。
土豆是平凡又简单的食材，
却能变身为各种受人喜爱的菜品，
咸辣的干锅土豆，就是其中无比诱人的一道美味。

材料

土豆500克，五花肉100克，红尖椒、青尖椒
各50克，姜片、蒜片各3克

调料

鸡粉3克，白胡椒粉1克，生抽3毫升，蚝油3克，
辣椒酱10克，郫县豆瓣酱15克，食用油适量

做法

1. 将土豆去皮洗净，切成半圆片；五花肉切薄
   片；红尖椒、青尖椒均切段。
2. 锅中注入适量清水烧热，放入土豆片，焯水
   后捞出，沥干水。
3. 锅中注入适量食用油烧热，放入姜片、蒜片、
   五花肉片，爆香。
4. 加入红尖椒、青尖椒，翻炒均匀。
5. 加入土豆片，放入辣椒酱、豆瓣酱，翻炒均
   匀，调入鸡粉、白胡椒粉、生抽、蚝油炒匀，
   盛出，装入干锅即可。

酸辣藕丁

出淤泥而不染的莲花，
带给我们"大自然的馈赠"——藕。
闲来无事，会到小摊买一些麻辣藕片当闲口吃；
而这道酸辣藕丁麻辣，且爽甜、酸，
不失为一道下饭的家常小菜。

材料

莲藕 500 克，大葱 1 根，姜 1 块，大蒜 5 瓣，
花椒 5 克，干红辣椒适量，八角 2 个

调料

米醋 20 毫升，生抽 8 毫升，白糖 5 克，盐 2 克，
鸡粉 2 克，食用油适量

做法

1. 将备好的莲藕洗净去皮，切成丁；干红辣椒
   切段；大蒜拍扁；大葱洗净，切小段；姜切
   菱形片。

2. 热锅注油烧热，放入大葱段、姜片、大蒜，
   爆出香味。

3. 再放入花椒、干红辣椒，翻炒出香味。

4. 倒入藕丁，翻炒均匀，加入适量生抽、白糖。

5. 加入少许盐，翻炒均匀，淋入适量米醋，翻
   炒均匀，炒至香味散发出来，待其收汁，关
   火盛出即可。

挑选两头都有藕节的藕

购买莲藕时，要挑选两头都有藕节的。这种带藕节的藕不会有淤泥进入藕的孔洞中，清洗起来相对方便。

蒜泥白肉

泡椒凤爪

酱牛肉

川香口水鸡

拍黄瓜

手撕茄子

老醋花生

拍黄瓜

辣拌土豆丝

凉拌三丝

第6章

小菜一碟，
独酌细品五味人生

蒜泥白肉

白肉难免腻口，蒜泥可刺激味蕾，
搭配到一起简直天生一对。
本菜必须考究，肉要肥瘦兼具，还得火候刚刚好；
肉还要趁热切薄片，凉后再吃。
蒜泥不仅解腻，还可以拌饭吃。

材料

带皮五花肉500克，黄瓜1根，胡萝卜60克，
青花椒5克，葱段、姜片各20克，蒜末10克，
干辣椒8克

调料

红油10毫升，鸡粉1克，生抽8毫升，花椒油
5毫升，食用油适量

做法

1. 锅中注入适量清水，放入干辣椒、青花椒、
   葱段、姜片，淋上少许油，煮沸。

2. 放入带皮五花肉，大火煮开后转小火，煮25
   分钟，至五花肉熟透。

3. 将煮熟的五花肉捞出，沥干水，放凉；将黄
   瓜洗净切段，改切细丝；胡萝卜洗净去皮，
   切细丝。

4. 将五花肉切片，放上黄瓜丝、胡萝卜丝卷起，
   制成白肉卷，待用。

5. 蒜末装碗，加入适量生抽，淋入适量红油、
   花椒油，放入少许鸡粉，拌匀，制成蒜泥汁。

6. 将白肉卷装盘，浇上蒜泥汁即可。

一筷下去见"真章"

判断肉是否熟了的方法很简单：可以用筷子
在瘦肉最多的地方插进去，如果没有血水渗
出就表示肉熟了。

卤料的第二次生命

第一次做好的卤料，可以放在冰箱冷冻起来，
下次要用时，提前取出常温解冻即可。

酱牛肉

你一定会爱上内蒙古令人心旷神怡的蓝天；
也会爱上大口吃酱牛肉，大口喝马奶酒。
没错，你就是"套马的汉子"！

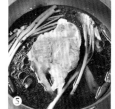

材料

牛腱子肉600克，八角、桂皮、藤椒、香叶、草
果各2克，干辣椒3克，葱条20克，姜片15克，
香菜叶少许

调料

甜面酱20克，料酒25毫升，生抽40毫升，老
抽5毫升，冰糖30克，盐3克，鸡粉2克，白
胡椒粉2克，食用油适量

做法

1. 牛腱子洗净，冷水下锅，烧开后撇去浮沫，
   捞出，待用。

2. 锅中注入适量食用油烧热，放入姜片、干辣
   椒，爆香。

3. 放入八角、桂皮、草果、香叶、藤椒、葱条，
   炒出香味。

4. 放入甜面酱，加入生抽、老抽、冰糖、料酒，
   搅拌均匀，制成酱汁。

5. 放入牛腱子，加入鸡粉、白胡椒粉，拌匀。

6. 调入盐拌匀，酱卤2小时，煮至收汁，盛出，
   切片后装盘，淋上卤汁，放上香菜叶即可。

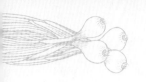

川香口水鸡

麻辣到直喷火，连口水都流了一地，想想也是挺逗趣。
就连这样也吃到不能停下，
这就是"口水鸡"成名的因缘。
劝君先喝一杯干红葡萄酒再与它奋战。

材料
鸡半只，蒜末、姜末各8克，姜片、葱条各10克，青花椒8克，葱花5克，熟花生碎20克，熟白芝麻15克，干辣椒8克

调料
生抽30毫升，芝麻油5毫升，花椒油5毫升，红油20毫升，白糖5克，料酒适量，食用油适量

做法
1. 锅中注入适量清水，放入干辣椒、青花椒、葱条、姜片，淋上少许食用油，煮沸。放入处理好的鸡，炖煮约25分钟至熟透，取出，晾凉后斩成块。
2. 碗中倒入蒜末、姜末。
3. 淋入适量生抽，倒入适量红油、花椒油。
4. 加入少许芝麻油、白糖、料酒拌匀，制成酱汁。
5. 将斩好的鸡块装入碗中，淋上拌好的酱汁。
6. 撒上熟白芝麻、熟花生碎。
7. 最后放上适量葱花即可。

小火慢炖

在煮鸡肉时，不能大火快炖，否则鸡肉会变柴。小火慢煮，可保持鸡肉细腻的口感。

泡椒凤爪

泡椒凤爪既能登大雅之堂，又为普通老百姓所喜爱。
它以麻辣有味，皮韧肉香而著称，
咀嚼时骨肉生香！
周末在家，来上一碟泡椒凤爪，
就可以邀几个朋友一起喝酒、聊天、看球赛！

材料
鸡爪 350 克，小米泡椒 90 克，指天椒 30 克，
西芹 60 克，姜片 15 克，蒜头 20 克

调料
盐 4 克，料酒 10 毫升，鸡粉 3 克，白醋 6 毫升，
白糖 10 克，泡椒水 250 毫升

做法

1. 所有食材清洗干净；鸡爪剪去趾甲；西芹切
   菱形片，备用。

2. 锅中加入纯净水，放入姜片、鸡爪，加入料酒，
   大火烧开转中火煮 7~8 分钟至熟软，捞出。

3. 将洗净的鸡爪沥干水，装入保鲜盒中，倒入
   泡椒水。

4. 加入白醋、小米泡椒、指天椒、西芹、蒜头，
   拌匀。

5. 加入盐、白糖、鸡粉，拌匀，盖上盖子，放
   冰箱冷藏 4 小时以上即可。

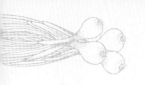

盐水鸭肝

这是一道凉菜，也是闲吃的下酒菜。
鸭肝在冒泡的水中煮熟，
捞起的鸭肝在调料中泡着，使其入味。
成菜香气满溢，咬一口细滑软糯。

材料

鸭肝 500 克，藤椒 10 克，八角 2 克，桂皮 2 克，
香叶 1 克，草果 3 克，干辣椒 3 克，小茴香 1 克，
陈皮 1 克，葱条 25 克，姜片 15 克

调料

盐 3 克，料酒 4 毫升，鸡粉 1 克，白胡椒粉 3 克，
芝麻油适量

做法

1. 鸭肝用冷水浸泡几小时以除血水，泡至颜
   色发白；锅中加冷水，放入适量姜片、鸭肝，
   大火烧开后转中小火，撇去浮沫，煮熟后
   捞出。

2. 锅中加水，放入葱条、剩余姜片。

3. 加入藤椒、八角、桂皮、香叶、草果、干辣椒、
   小茴香、陈皮，大火烧开后转小火煮 10 分钟。

4. 放入料酒、盐、鸡粉、白胡椒粉搅匀，最后
   放入鸭肝，大火烧开后转小火煮 30 分钟，
   关火后浸泡半天，盛出。

5. 将鸭肝切片，装入盘中，煮肝原汁加入芝麻
   油烧热，浇在鸭肝上即可。

咸为百味之本

盐水也算卤水的一种，通常用来卤制鸡胗、
鸡心、鸭心等内脏，有了咸味的衬托，方能
凸显食材本身滋味。

拍黄瓜

闲暇午后，没有炊烟，
厨房里发出"啪啪"的刀背拍黄瓜响声，
做法干净利落。
炎炎夏日，它是家人午餐前最佳的解腻小吃。
有时我会与朋友分享，
得到的回馈都是："真是相当清爽！"

材料
黄瓜 400 克，蒜末 15 克

调料
芝麻油 5 毫升，生抽 20 毫升，盐 2 克，陈醋 20
毫升，红油 30 毫升

做法

1. 将黄瓜清洗干净，切成段。

2. 用刀将切好的黄瓜段拍裂开，再切成小块。

3. 将蒜末装入碗中。

4. 碗中淋入陈醋，再加入生抽、芝麻油。

5. 加入盐，淋入红油，搅拌均匀，腌渍至入味，
   制成调味汁。

6. 将拍好的黄瓜装碗，淋入调味汁，搅拌均匀，
   盛出，装入备好的盘中即可。

皮蛋拌豆腐

皮蛋黑不溜秋，豆腐洁白无瑕；
光想是不能把两者联系起来的。
但是，两种看似不相关的食材搭配在一起，
成为夏季人们较为喜爱的一道凉拌菜，
炎热的夏季，来上一口皮蛋拌豆腐，
让今年的夏天都变得凉爽起来！

材料

嫩豆腐300克，皮蛋1个，香菜5克，小米椒
10克

调料

盐、白糖、鸡粉各2克，生抽25毫升，红油20
毫升，芝麻油5毫升

做法

1. 锅中注入适量清水烧热，放入嫩豆腐，焯水
   约3分钟，捞出。

2. 将放凉的豆腐切成片；备好的皮蛋去壳，切
   成小丁；小米椒切圈。

3. 将切好的豆腐放入盘中摆好，再铺上切好的
   皮蛋丁。

4. 再放上小米椒、香菜叶。

5. 取一个干净的小碗，倒入适量生抽，放入适
   量芝麻油、红油。

6. 加入适量盐、鸡粉、白糖拌匀，制成调味汁，
   淋在豆腐上即可。

手撕茄子

有时候，粗糙的"古早"做法令菜肴更具风味。

沿着茄子自然生长的纹理将其手撕开，

这样会让茄子充分吸收酱汁的味道，

使其变得更加入味。

这就是为什么"手撕一切就是好吃"的缘故吧！

材料

紫色长茄子2条，大蒜15克，姜10克

调料

生抽20毫升，辣椒油、芝麻油各8毫升，盐2克

做法

1. 将茄子洗净去蒂，切成两段；大蒜洗净去皮，剁末；姜洗净去皮，剁末。

2. 将切好的茄子放在蒸盘上，再将蒸盘移入已烧开上汽的蒸锅中，大火蒸约8分钟至熟，取出。

3. 将蒸好的茄子撕成丝，再装入盘中。

4. 碗中加入适量姜末、蒜末，倒入生抽、辣椒油、芝麻油，拌匀腌渍至入味，制成调味汁。

5. 往茄子上撒上蒜末、姜末，淋入适量调味汁，食用时拌匀即可。

老醋花生

就着老白干，惦念起炸花生米的香了。
怕上火，于是泡进地道的老醋里，
口味太单颜色稍逊，那再撒上一把香菜，
风味独特，好吃到停不了口。

材料
花生米 100 克

调料
陈醋 40 毫升，生抽 15 毫升，白酒 5 毫升，白
糖 8 克，盐 2 克，食用油适量

做法

1. 净锅注油烧热，倒入花生米，小火慢炸。
2. 炸至花生米表面呈金黄色时，淋入少许白酒，
   再炸一会儿，捞出花生米，待用。
3. 净锅倒入适量陈醋，再淋入少许生抽。
4. 加入适量盐。
5. 放入适量白糖，煮至入味，制成醋汁。
6. 将花生米装入备好的碗中，再淋入锅中的醋
   汁即可。

辣拌土豆丝

土豆是再家常不过的食材了，
烹饪方法和处理方式不同，
可以得到或绵软粉糯或爽脆的口感。
凉拌土豆丝，更能凸显土豆脆生生口感。
细细的土豆丝直接吸收调味料汁水的酸辣味道，
炎热夏天开胃爽口，口口停不住！

材料

土豆 300 克，红尖椒 80 克，小葱、大蒜各 5 克

调料

生抽 5 毫升，陈醋 4 毫升，花椒油 4 毫升，盐 2 克，白糖 3 克，芝麻油 15 毫升

做法

1. 将土豆去皮，切成丝；红尖椒切成丝；葱洗净切葱花；蒜洗净剁末。
2. 锅中注入适量清水烧热，倒入切好的土豆丝，焯水捞出，沥干水，待用。
3. 将沥干水的土豆丝装入大碗中，加入生抽、陈醋，淋入适量花椒油。
4. 再放入适量盐、白糖，淋入适量芝麻油，搅拌均匀。
5. 倒入红椒丝，撒上葱花，放上蒜末，拌匀后装盘即可。

155

凉拌三丝

凉菜制作工艺历史悠久，
是饭桌上引人入胜的开胃菜。
把三种食材切成工整的丝，
尝起来清香爽口不腻。
估计大家都有在街上摊店吃它的记忆，
而一百个人对它有一百种怀念。

材料

海带丝 150 克，胡萝卜 150 克，千张（豆腐皮）
100 克，朝天椒 5 克，蒜头 3 克，香菜叶适量

调料

盐 2 克，生抽 10 毫升，芝麻油 15 毫升，陈醋
15 毫升，白糖 8 克

做法

1. 将胡萝卜洗净去皮，再切成丝；海带丝用清
   水冲洗干净；千张洗净，切成丝；朝天椒洗
   净切圈；蒜头去外皮，剁碎。

2. 锅中注入适量清水烧开，倒入切好的千张丝，
   焯水至变软，捞出沥干水，待用。

3. 净锅注水烧开，倒入切好的胡萝卜丝，焯水
   至变软，捞出沥干水，待用。

4. 净锅注水烧热，倒入海带丝，焯水至变软，
   捞出，沥干水，待用。

5. 将沥干水的千张丝、胡萝卜丝、海带丝装入
   碗中。

6. 加入蒜末、朝天椒圈，放入适量盐、生抽、
   陈醋、芝麻油。

7. 加入少许白糖，拌匀，装盘，放上香菜叶即可。

雪菜黄鱼汤

鱼头豆腐汤

银耳汤

鱼头豆腐汤

山药乌鸡汤

老鸭汤

玉米排骨汤

豆腐汤

莲藕花生猪骨汤

鸭血粉丝汤

第7章

味至浓时，
初寒乍暖的汤问候

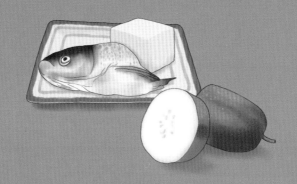

玉米排骨汤

汤水，就像春雨一般，"润物细无声"。
它平常又简单，在不经意之间，滋养我们的身体。
玉米排骨汤清凉，甜美，
是很受大众欢迎的一道汤水，
简单的做法，颇适合"懒人"来制作。

材料
猪肋排 500 克，甜玉米 200 克，胡萝卜 150 克，
生姜 10 克

调料
盐 3 克，鸡粉 2 克

做法

1. 将猪肋排洗净，斩成块；胡萝卜洗净，切半圆片；玉米洗净切小段；生姜洗净去皮，切片。

2. 锅中注入适量清水烧热，倒入排骨块，汆水捞出。

3. 净锅注水烧开，放入姜片，再倒入汆过水的排骨，煮至沸腾。

4. 加入胡萝卜片、玉米段，转小火煮约 1 个小时至食材熟软。

5. 加入鸡粉，搅拌均匀，再放入适量盐，续煮一会儿至入味，盛出装碗即可。

莲藕花生猪骨汤

对这道菜有太多回忆。

妈妈说："吃大骨补骨，快快长高。"

汤锅里的花生总是被我和姐姐争相抢夹，

一粒也不会剩下。

材料

猪大骨 400 克，莲藕 250 克，花生米 200 克，姜片 10 克

调料

盐 3 克，鸡粉 2 克，白胡椒粉 1 克

做法

1. 将备好的莲藕洗净去皮，切成块；猪大骨洗净，剁成大块。

2. 锅中注入适量清水烧开，放入猪大骨，余去血水，捞出。

3. 净锅注水烧热，放入姜片，再放入余过水的猪大骨，煮一会儿。

4. 倒入莲藕，续煮几分钟，倒入花生米，小火煮约 1 小时。

5. 调入适量鸡粉，搅拌均匀，再加入适量盐拌匀，放入少许白胡椒粉，煮至入味，盛出装碗即可。

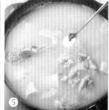

山药乌鸡汤

汤水是抚慰游子身心的良品。
念家时常会想起妈妈的叮嘱："要照顾好自己。"
在寒冷的天气，用乌鸡为自己做一碗淮山乌鸡汤吧。
干了这碗"心灵鸡汤"！

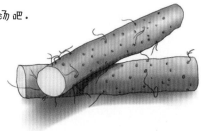

材料
乌骨鸡半只，山药250克，生姜10克，枸杞3克

调料
料酒2毫升，盐4克

做法

1. 将乌鸡处理干净，斩成块，待用；将山药去皮洗净，切滚刀块；将姜洗净去皮，切成片；枸杞浸水泡发。

2. 锅中注水烧开，放入处理好的乌鸡块，汆水捞出。

3. 另起锅注水烧热，倒入汆过水的乌鸡块，煮至沸腾，倒入切好的山药。

4. 放入姜片，煮至沸腾，加入少许料酒，转小火煮约1小时。

5. 撒入泡好的枸杞，续焖约15分钟，加入适量盐调味，续煮一会儿，盛出装碗即可。

冬瓜薏米老鸭汤

圆滚滚的冬瓜，甚是惹人爱，
一粒粒珍珠般的薏米煞是可爱。
借着这两种食材，
解了老鸭的油腻，
使汤水醇厚，也更滋补下火。

材料

老鸭半只，冬瓜 150 克，薏米 30 克，生姜 3 片

调料

料酒 10 毫升，鸡粉 2 克，盐 2 克，白胡椒粉 1 克

做法

1. 将老鸭洗净，斩成小块；带皮冬瓜洗净，切块。

2. 薏米提前用温水泡发。

3. 锅中注入适量清水烧开，放入切好的鸭肉块，淋入料酒，氽去血水，捞出。

4. 净锅注水烧热，放入姜片，煮一会儿，倒入鸭肉块，小火煮约半小时。

5. 倒入冬瓜，放入泡发好的薏米，续煮约半小时至全部食材熟软。

6. 调入鸡粉、盐煮至入味，放入适量白胡椒粉，搅拌均匀，盛出装碗即可。

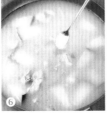

鸭血粉丝汤

它是有着 1400 多年历史的金陵名菜。
相传，有个南京人在做菜时不小心把粉丝掉入了鸭血中，
从而烹煮出了第一碗鸭血粉丝汤。
在需要积攒能量的秋冬季节，
鸭汤也不显腻味了。

材料

鸭血 200 克，粉丝 50 克，鸭肝、鸭胗、鸭肠各 50 克，油豆腐 40 克，高汤 300 毫升，香菜碎、葱花各 5 克

调料

盐 3 克，鸡粉 2 克，白胡椒粉 1 克，辣椒油 5 毫升，陈醋 6 毫升

做法

1. 锅中注水烧热，放入鸭肝、鸭肠，大火煮至熟软，捞出沥干水；将油豆腐切成条；鸭血切成小块；鸭肝、鸭胗均切成小块；鸭肠切小段。

2. 粉丝入锅煮至熟软，捞出沥水，装入碗中。

3. 再往粉丝上铺切好的油豆腐、鸭肝、鸭胗、鸭肠、鸭血。

4. 锅中倒入适量高汤加热，调入适量鸡粉，放入少许白胡椒粉，调入适量盐，淋入适量陈醋、辣椒油拌匀，煮至沸。

5. 将煮沸的汤汁淋在粉丝上，最后铺上葱花、香菜碎即可。

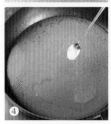

鱼头豆腐汤

传说，乾隆某次微服出巡时淋了雨，
一位小吃摊主用家中仅剩的食材创出这道菜，
后流传至今。
豆腐白白嫩嫩，即使经过长时间的熬煮，
仍然能够保持嫩滑的口感。
鱼头鲜美，不仅体现在汤汁中，
而且蔓延到了豆腐中，让你每吃一口都那么陶醉……

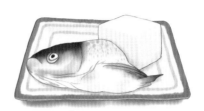

材料

大头鱼鱼头1个，豆腐250克，姜10克，小葱20克

调料

盐、鸡粉各2克，白胡椒粉1克，白糖3克，食用油适量

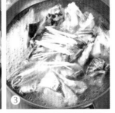

做法

1. 将鱼头清洗干净，斩成块；豆腐洗净，切成大小一致的块；葱洗净切葱花；姜洗净去皮，切丝。

2. 净锅注入少许油烧热，放入斩好的鱼块，淋入适量水。

3. 再放上姜丝，加入适量沸水，至没过鱼块，大火煮沸，改小火煮一会儿。

4. 倒入切好的豆腐块，煮约20分钟。

5. 加入盐，放入鸡粉、白糖、白胡椒粉，续煮一会儿至食材熟软入味，盛出装碗即可。

萝卜丝鲫鱼汤

一群鲫鱼在淡水深处穿梭游动，
体态丰腴，姿态优美。
鲫鱼煲出的汤水奶白奶白的，特别讨家人喜欢。
加了白萝卜的鲫鱼汤，不但汤汁奶白，
而且味道更加浓郁香甜。

材料
鲫鱼250克，去皮白萝卜200克，金华火腿20克，
姜少许

调料
盐3克，鸡粉、白胡椒粉各2克，料酒3毫升，
食用油适量

做法

1. 将鲫鱼去鳞、鳃、内脏，清洗干净；白萝卜
   洗净，切细丝；金华火腿切细条；葱洗净，
   切葱花；姜洗净去皮，切丝；

2. 净锅注入食用油烧热，放入处理好的鲫鱼。

3. 煎至两面呈金黄色，放入姜丝。

4. 再放入火腿丝、白萝卜丝。

5. 注入适量清水，淋入少许料酒，大火煮至沸，
   改中火煮约15分钟至熟软。

6. 调入适量鸡粉、白胡椒粉，放入适量盐，续
   煮一会儿至食材入味，盛出装盘即可。

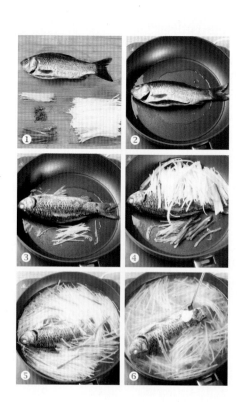

雪菜黄鱼汤

雪菜黄鱼汤即是一绝，
也是宁波人饭桌上不可不出现的菜。
清汤不见油腥，黄鱼鲜美，雪菜爽口，
年年吃，年年也不厌，
吃到滴水不剩。

材料
黄鱼1条，腌雪菜150克，姜15克，小葱5克

调料
盐2克，白糖3克，白胡椒粉1克，鸡粉2克，
食用油适量

做法

1. 将备好的黄鱼去鳞、鳃、内脏，清洗干净；
   腌渍雪菜洗净，剁碎；姜洗净去皮，切丝；
   小葱洗净，切葱花。

2. 净锅注油烧热，放入处理好的黄鱼。

3. 煎至两面呈金黄色，放入姜丝、雪菜。

4. 倒入适量清水，煮约15分钟，加入适量白糖，
   煮至溶化。

5. 再加入适量盐、白胡椒粉，放入鸡粉，煮至
   食材熟软入味，盛出装碗，撒上葱花即可。

木瓜银耳汤

这是一款甜蜜的滋润糖水。
木瓜滋润，银耳清热，
温润秋冬季干裂到"支离破碎"的你。
常常饮用，面色会红润靓白，
从今天起，做一个水润的人。

材料
木瓜半个，银耳100克，莲子50克，红枣5克，
枸杞3克

调料
冰糖40克

做法

1. 将木瓜去皮，切成丁。
2. 将提前泡好的银耳切去黄色根部，再用手撕成小块，待用。
3. 将红枣、枸杞、莲子均提前浸水泡发。
4. 锅中倒入适量清水烧开，放入银耳，煮一会儿至沸腾，倒入泡发好的莲子，煮至沸腾，加入红枣。
5. 煮一会儿，再加入冰糖，搅拌均匀。
6. 倒入切好的木瓜丁，加入适量泡好的枸杞，煮至食材熟软入味，盛出装碗即可。

炸春卷
白糖发糕
绿豆糕
桂花糯米枣
糖栗子
剁椒龟头
泛跟圆子
绿豆糕
桂花糯米枣
炸春卷

第8章

留住手艺，
寻味经典怀旧小食

炸喜卷

"在春日，食春饼，生菜，号春盘。"
春卷由古时春饼演变而来。
"一卷不成春"，它是春节食品，
就像春日蹒跚而至，
只听名儿，就感觉喜庆！

材料
韭黄40克，胡萝卜30克，瘦肉80克，香菇45克，
速冻春卷皮10张

调料
盐3克，白糖3克，蚝油5克，芝麻油4毫升，
食用油适量

做法

1. 将瘦肉剁成末；胡萝卜切碎丁；韭黄洗净切碎；香菇洗净切碎。
2. 将切好的瘦肉末、胡萝卜丁、韭黄碎、香菇碎装入碗中。
3. 加入少许白糖、盐，放入适量蚝油，淋入适量芝麻油，搅拌均匀，制成馅料。
4. 取春卷皮，放上适量馅料，卷起，待用。
5. 锅中注入适量油烧至七成热，放入卷好的春卷炸至呈金黄色，捞出。
6. 将炸好的春卷装入盘中即可。

油炸时温度不宜过高

炸春卷时火候是关键。如果油温过高，炸好的春卷看似已经熟透，其实是外焦内冷，影响口感。

自制发糕更健康

市售的白糖发糕一般加入了大量泡打粉，价格低，而且会发得更大、更松软，但是不一定健康。

白糖发糕

记忆中，零食小点也不像现在这般丰富，
但白糖发糕的味道至今难忘，
洁白绵软，吃起来十分可口。
每逢过节，家里的大人们都会做很多发糕，
小孩子就围在旁边咽着口水。
后来也常常在街头巷尾买着吃，
儿时的许多欢乐都是与发糕为伴的。

材料
面粉 200 克，红枣 20 克，酵母粉 3 克

调料
白糖 8 克，食用油适量

做法

1. 碗中加酵母粉和适量温水，搅拌均匀，制成酵母水，待用。
2. 另取一个大碗，倒入面粉，加入适量白糖。
3. 淋入酵母水，用手抓匀，倒在案板上揉成光滑面团，装入抹有食用油的蒸盘中，发酵20 分钟。
4. 在面团表面插入洗净去核的红枣。
5. 备好蒸锅烧开水，放入蒸盘，大火蒸约25分钟至熟。
6. 取出蒸好的发糕，放凉后切成块，再装入盘中摆好即可。

绿豆糕

记忆中的绿豆糕，入口绵密，带有清香。
当时只道是寻常，
如今再吃已经找寻不到当年的味道。
想来，那时的绿豆糕没有重油，
没有甜腻，唯有童年的味道。

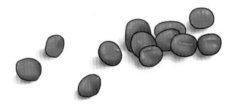

材料

绿豆粉 400 克，蜂蜜 100 克，糖桂花蜜 20 克

调料

芝麻油 40 毫升，白糖 50 克，食用油适量

做法

1. 将绿豆粉装盘，再入烧开的蒸锅中，用大火
   蒸约 25 分钟。

2. 取出蒸好的绿豆粉，过筛到盘中，待用。

3. 净锅烧热，倒入过筛的绿豆粉，淋入少许油，
   翻炒匀，再加入适量芝麻油，翻炒均匀，使
   其均匀吸油，再倒入白糖翻炒匀。

4. 淋入适量糖桂花蜜，翻炒至绿豆粉黏稠，盛
   出，制成绿豆馅，待用。

5. 将稍稍放凉的绿豆馅搓成大小一致的圆球，
   塞入模中，按压成形，制成绿豆糕。取走模具，
   将绿豆糕装盘即可。

糖栗子

秋叶飘零，走街串巷，

微甜的糖炒栗子飘香于空中。

此时的栗子，有着一年到头最甘美的味道。

买一包热乎乎的炒栗子，

满怀幸福地剥开，

用舌尖体会绵密软糯的甘甜，

有种简单踏实的满足！

多少年下来，最钟爱的还是街头巷尾最寻常的美味。

材料

板栗 240 克，蜂蜜 40 克

调料

食用油适量

做法

1. 将备好的板栗清洗干净，用剪刀在表面剪开一道口子。

2. 取烤盘，垫上锡箔纸，再放上剪好的板栗，用刷子沾上适量食用油，在板栗上均匀刷上一层。

3. 将烤箱预热，放入烤盘，关上箱门，用上、下火 200℃烤约 15 分钟。

4. 打开箱门，抽出烤盘，再刷上一层蜂蜜，再烤约 10 分钟，至板栗彻底熟透入味，取出装盘即可。

汤酿圆子

秋天，桂花在阳光的轻抚下香飘四野，
走在路上都能闻到沁人心脾的味道。
突然想起了桂花酒酿圆子，
记忆中的味道让人魂牵梦绕，
满满的都是想念。
弄堂飘窗，迎风入户，
吃一碗酒酿圆子，听一曲高山流水，
浅谈人生多少乌云与鲜花，
看细雨飘飞，享受慵懒时光。

材料

酒酿（醪糟）200 克，糯米粉 150 克，糖桂花酱、
枸杞各适量

调料

冰糖 10 克

做法

1. 将糯米粉装入碗中，注入适量清水，抓匀成
   面团。
2. 用手取适量的面团，搓成圆形，制成汤圆生
   坯。将剩余面团均制成汤圆生坯。
3. 锅中倒入酒酿，注入适量清水，煮至沸腾，
   撒入枸杞煮一会儿。
4. 放入汤圆生坯，大火煮沸后，改小火续煮约
   10 分钟至熟，加入适量糖桂花酱、冰糖，
   续煮至入味，盛出装碗即可。

桂花糯米枣

小时候去公园，
我总能闻到随风扑面而来的桂花清香。
这道菜做法简单，小巧精致。
秋风卷大地，
午后沏一杯红茶，
尝一口桂花糯米枣，惬意！

材料

红枣 100 克，糯米粉 70 克，干桂花少许

调料

白糖 20 克

做法

1. 将备好的红枣洗净，去核，切开但不切断。

2. 将糯米粉装入大碗中，注入少许清水，用手抓匀。

3. 再揉成糯米面团，搓出指甲大小的糯米团。

4. 把糯米团塞入红枣中，制成桂花糯米粥生坯，待用。

5. 锅中注水烧热，倒入白糖，放入桂花糯米枣生坯，煮至沸腾。

6. 撒上少许干桂花，续煮至桂花糯米枣熟软入味，盛出装碗即可。